웃기려고 한 과학 아닙니다

독특하고 이상한 연구로

항상 날 웃겨줬던 과학자들에게

사랑을 담아

프롤로그
세상에는 진짜 웃긴 과학이 존재한다

당신의 인생을 바꾼 가장 결정적인 순간은 언제였나?

나는 그 순간을 다섯 살 때 유치원에서 공룡 색칠놀이 책을 나눠준 날이라고 당당히 말할 수 있다(우리 엄마도 보증하는 바이다). 현실에서 다시 만날 수 없는 공룡이란 존재에 마음을 뺏긴 이후, 내 꿈을 과학자로 정했기 때문이다. 공룡을 사랑하는 마음은 생물학 전반의 흥미로 이어졌고 나는 생명과학과에 진학했다. 그리고 대학교 1학년 1학기, 나는 내가 꿈꾸던 미래에 대해 두 가지를 잘못 생각하고 있었다는 걸 깨달았다. 우선 생명과학과에 진학하고 나서야 공룡 연구는 대개 생명과학과가 아니라 지구과학과에서 한다는 사실을 알게 됐다(이래서 사람이 진로 고민을 열심히 해야 한다). 안타깝게도 내가 다니던 학교에는 지구과학과가 없었고, 나는 실험실에서 DNA가 든 코딱지만 한 물방울을 피펫으로 짜 넣는다든가, 불행한 생쥐의

냉동 뇌를 반대편이 비칠 정도로 얇게 자르는 종류의 실험만 할 수 있었다. 내 심장은 8000만 년 전 뼈들이 묻힌 고비사막과 콜로라도 헬크리크층을 향해 뛰고 있었는데! 게다가 첫 학기 실험 수업을 들으면서 내가 실험에 영 소질이 없다는 사실도 인정해야 했다. 특히 신입생이 필수적으로 들어야 하는 기초 화학 실험 수업은 고역 중의 고역이었다. 쭉쭉 길게 뽑혀 나와야 할 나일론이 중간에 툭툭 끊어지는 일이 반복되자 동유럽에서 온 실험 메이트는 나를 보며 자기 나라의 말로 나직이 한마디를 내뱉었다. 당연히 알아듣지 못했지만, 그 낮고 혀를 차는 어조만으로도 그 친구가 쌍욕을 했음을 짐작할 수 있었다.

종합하면 학부 생활은 내가 실제로 과학자가 되기엔 흥미와 자질이 부족함을 몸소 깨닫게 해준 기간이었다. 오히려 내가 진짜 좋아하는 건 실험실에서 새로운 지식을 만드는 삶이 아니라, 글에 둘러싸여 읽고 쓰며 다른 이들이 만든 지식을 공부하는 삶이었다. 결국 방향을 틀어 석사 때 과학사를 공부하고, 과학 글쓰기를 직업으로 선택했다. 이후 〈어린이과학동아〉와 〈과학동아〉에서 기자로 일하며 수많은 과학 연구를 접하고 기사로 소개했다. 과학사의 밤하늘에는 진화론, 양자역학, 일반상대성이론 같은 위대한 업적이 여기저기에서 일등성처럼 반짝인다. 내가 일하는 최근 몇 년 사이에도 블랙홀 이미지 포착, 코로나19 백신 같은 대단한 연구들이 나왔다. 이런 연구들은 학술지의 전면을 장식할 뿐 아니라, 기사와 책을 통해 널리 재생산되며 대중의 주목을 받는다. 굳이 비유하자면 'A급 과학'인 셈이다.

그러나 과학 기사를 쓰기 위해 수많은 학술지와 보도자료의 심연을 뒤지면서, 나는 이런 연구들 뒤에 수많은 'B급 과학'들이 있다는 걸, 그리고 있어야만 한다는 걸 알게 됐다. 처음엔 사람들의 이목을 끌 만한 자극적인 주제를 찾아보겠다는 심산도 있었다. 멋지고 대단한 연구가 되기엔 망측한 소재를 다루거나 실험 방법이 괴상하기 짝이 없는 연구들, 왜 굳이 돈 들여 이런 걸 하나 싶은 생각이 절로 드는 연구들 말이다. 그러나 연구자들에게서 직접 얘기를 듣고, 또 엉뚱하다 여겼던 연구들을 토대로 멋진 후속 연구가 태어나는 모습을 보면서 생각이 달라졌다. 누군가 쉽게 B급 과학으로 치부해버리고 마는 이런 연구들이 현대 과학의 기반을 탄탄하게 다지고 있다고 느낀 것이다. 우스워 보인다는 이유로 별 볼 일 없는 연구이리라 지레짐작해서는 안 된다. B급 과학은 소중하다.

이것을 가장 잘 보여주는 사례가 바로 이그노벨상Ig Nobel Prize이다.

B급 과학에 대한 진지한 변론

하얀 물체가 날아온다. 수많은 종이비행기가 무대를 덮는다. 곧이어 무대에 우스꽝스러운 차림의 과학자들이 올라온다. 포유류가 항문으로 호흡할 수 있을지 실험한 과학자, 동전을 약 35만 번 던져 앞면(또는 뒷면)이 나올 확률이 정확히 절반이 아님을 증명한 과학자, 그 못지않게 이상한 주제들을 연구한 과학자들이다. 이들은 자신의 연구를 소개하다가 지루해진 관중이 야유를 보내면 무대 밖으로 쫓겨난다. 2024년 9월 12일에 있었던 이그노벨상 시상식 현장의 풍경이다.

이그노벨상은 우리에게 이미 익숙한 노벨상을 패러디한 상으로, "다시 할 수도 없고 다시 해서도 안 되는 업적"이라 불리는 웃긴 과학 연구를 찾아내 시상하기로 정평이 나 있다. 지금까지 이그노벨상은 기사, 책, 다큐멘터리 등을 통해 다양하게 다뤄졌다. 숏폼 동영상이 발달한 후로는 당신도 한 번쯤 '진짜 이상하고 어이없는 연구들', '시상식에 탈을 쓰고 등장하는 괴짜 과학자들', '상금은 1달러 가치도 안 되는 10조 짐바브웨 달러'같이 클릭할 수밖에 없는 자극적인 제목의 동영상을 봤을 수 있다. 이그노벨상이 가진 '황당함의 측면'은 공론장에서 이야기될 만큼 이야기된 셈이다. 그렇다면 이그노벨상의 이면, 이 상의 가치를 말해주는 '과학의 측면'은 얼마나 다뤄졌을까?

나는 과학자들이 이런 '말도 안 되는' 연구를 계속하는 이유가 궁금했다. 저녁 모임에서 사람들 좀 웃겨보려고? 오랫동안 이그노벨 연구를 읽어보고, 연구자를 인터뷰하고, 연구의 진행 상황을 지켜보면서 어떤 이그노벨상 연구들은 웃음 그 이상의 가치가 있음을 알게 됐다. 과학자들이 단지 한마디 농담의 소재가 되기 위해 이상한 연구 주제에 몰두할 리가 없지 않은가. 어떤 연구자는 똥오줌 같은 터부시되는 소재를 연구했다. 인간이 아직도 이에 관해 모르는 것이 너무 많기 때문이었다. 누군가는 마조히스트냐는 조롱을 들어가면서 직접 벌에 쏘였다. 독침이 주는 통증에 관한 데이터가 전무한 관계로 직접경험이 필요하다는 이유에서였다. 수많은 비웃음, 심지어는 분노를 무릅쓰고 세상을 바꿀지도 모르는 혁명적 기술을 연구하는 사람도 있었다. 내게는 그들의 호기심과 열정, 세상을 바꾸겠다는 굳은 의지야말로 "먼저 웃게 하고, 그다음에 생각하게 만드는" 이그노벨상의 또 다른 취지에 들어맞아 보였다. "웃기려고 한 연구 아닙니다." 내 질문에 대한 어느 연구자의 답변처럼 이 상황에 딱 맞는 말이 또 있을까.

　　연구자들이 전해주는 호기심과 열정은 이그노벨상을 단지 '웃긴 이야기'로만 소비하는 데 그치지 말고, 이 B급 과학을 톺아보는 글을 써야겠다는 동기가 됐다. 이그노벨상 수상 연구를 소개하는 책은 이 책이 저음이 아니다. 하지민 이 책에서 하려는 말은 단순한 연구 소개를 넘어선 이야기들이다. 내가 하고 싶은 첫 번째 이야기는 우리가 보통 떠올리는 일반적인 '과학의 상像'을 한 군데씩 비튼 이 연구들을 통해서 평소에 발견할 기회가 없었던 과학의 본성에 관해 고찰할 수 있다는 것이다. 예를 들어 이그노벨상 연구들은 심하게 괴상하거나 아주 사소한 것들을 연구 소재로 삼기도 한다(연구 주제를 비틀기). 극한의 실험 방법을 사용하기도 하고(실험 방법론을 비틀기), 그 결과 생각지도 못한 연구 결과(고정관념을 비틀기)를 내놓기도 한다. 과학을 이상한 방향으로 늘이고 잡아당기는 이 연구들을 들여다보면 과학이란 방법론이 어떻게 만들어졌는지, 과학은 앞으로 무엇을 연구해야 할지, 나아가 과학이란 가치 체계가 무엇을 표상하는지 생각해보게 된다. 고정관념을 벗어난 연구들이 오히려 과학의 본질을 고민해보도록 만드는 셈이다. 책의 전반부에서 이런 사례를 만나게 될 것이다.

어쩌면 이 글을 읽는 분 중 몇몇은 내 생각에 동의하지 않을 수도 있다. 심각하게는 이런 '쓸데없는' 연구에 들어가는 지원금을 끊어야 한다고 주장할 수도 있다. 하지만 이런 실험들이 '연구적 가치'를 지닐 수 있다는 것, 그래서 제도적으로 지원해야 한다는 것이 이 책에서 하고 싶은 두 번째 이야기다. 혁신적 기술이 사회에 적용되려면 어떤 과정을 거쳐야 하는지, 대단한 연구의 시작은 또 얼마나 엉뚱할 수 있는지, 이 주장을 뒷받침할 만한 사례들은 책의 후반부에서 볼 수 있다.

만약 아직도 설득되지 않아서, '이딴 연구를 하느니 괜한 돈 낭비 말고 집에 가서 발 닦고 잠이나 자라'고 말하고 싶을 수도 있겠다. 그렇다면 내가 할 수 있는 말은 하나밖에 남지 않는다. 그것은 이 책을 쓰게 된 가장 본질적 동기로, 이 모든 연구가 '개웃기다'는 점이다. 이것이 내가 이 책에서 전하고 싶은 최고이자 최후의 이야기다. 책 전체를 통해 웃긴 과학을 만날 수 있다. 과학에 관심이 많은 독자라면 이미 들어본 연구들이 실려 있을 수도 있다. 그러나 명심하라. 이 정신 나간 연구들은 깊게 들여다볼수록 더 웃기다. 초록abstract이 웃긴 연구는 방법론이 더 웃긴 경우가 한두 번이 아니었다. 방법론이 웃긴 연구는 결론이 더 웃겼고, 연구가 웃기면 연구자가 몸담은 연구실 전체가 (최상급 좋음의 의미에서) 정신 나간 연구를 하는 경우가 한두 번이 아니었다.

이그노벨상 연구는 분명히 노벨상 연구만큼의 파급력과 사회적 가치를 지니지는 않았다. 그러나 '시네필cinephile'이라 불리는 영화 애호가들이 장르적 메타성에 기반해 '명작'보다 '괴작'으로 치부되는 B급 영화를 굳이 찾아보듯, 과학 애호가를 자처하는 나 역시 알면 알수록 이 연구들을 더 사랑하게 됐다. 파면 팔수록 웃음은 물론 묵직한 뒷맛까지 묻어나오는 컬트 영화와 비슷하달까. 웃음과 진지함은 같이 갈 수 있다. 웃음과 과학적 의미도, 웃음과 과학적 본질에 관한 고찰도 같이 갈 수 있다. 이런 마음가짐을 담아 나는 이 책에 실린 이그노벨상 연구들을 짤막짤막한 농담의 소재로 쓰고 버리지 않으려 노력했다. 웃음 뒤의 노력, 진지함, 가치를 찾아보려 시도했다.

이 책은 2023년 〈과학동아〉에서 연재된 기사를 바탕으로 만들어졌다. 본격적인 집필에 들어가기 전, 1991년부터 2024년까지의 이그노벨상 수상 목록 전부를 엑셀 파일로 만들고 하나하나 분석했다. 그중에는 의도가 명백한 '비꼬기 농담'들도 있었다(트럼프와 푸틴을 포함해, 코로나19 방역에 실패한 국가 지도자들에게 '의학교육상'을 준 2020년 이그노벨상이 한 예다). 이런 수상들은 제외하고, 일종의 '연구 소믈리에'의 마음으로 재미있고 이상하며 과학적 가치를 전달할 수 있을 만한 것들을 골랐다. 물론 객관적인 기준 같은 건 없고 글쓴이의 취향이 듬뿍 녹아 있다고 보면 되겠다. 안타깝게도 분량의 제한으로 전혀 다루지 못한 분야도 있다(정말 분량이 문제였을까? 과학자들이 섹스 연구를 위해 얼마나 뜨겁게 몸 바쳐왔는지 알게 되면 당신의 입이 떡 벌어질 거다).

이 책에 소개된 연구 중 일부는 연구 시점으로부터 시간이 오래 흐른 경우도 있다. 지금은 반박됐거나, 연구 당시에 비해 과학적 중요성이 줄어들기도 했다. 그럼에도 이들 B급 과학은 모두 과학의 에센스를 담고 있으며 나름의 가치를 지닌다. 한편에 누가 봐도 대단한 연구들이 있다면, 다른 한편에 이런 연구들이 존재해 넓디넓은 과학의 지도를 채우고 있다. 이 책에 담긴 이야기들을 읽고 즐기면서 과학의 다채로운 면을 접하고, 결과적으로 과학을 더 유쾌하고 너른 마음으로 이해할 수 있게 된다면 좋겠다. 적어도 나는 그랬다.

그러니 지금부터 허리띠 단단히 매고 이상한 과학 연구의 세계로 떠나보도록 하자. 첫 이야기의 무대는 머나먼 남쪽, 오스트레일리아의 끝자락 태즈메이니아섬이다. 그곳에 주사위 모양 똥을 싸는 귀여운 동물이 살고 있거든.

차례

프롤로그 세상에는 진짜 웃긴 과학이 존재한다　　　　7

PART 1

이상하고 당황스러운 질문들

1　웜뱃은 왜 주사위 모양의 똥을 쌀까?　　　　21
2　어떻게 하면 가장 맛있는 감자칩을 먹을 수 있을까?　　　　47
3　벌에 어느 부위를 쏘이면 가장 아플까?　　　　65
4　고양이는 액체일까, 고체일까?　　　　89
5　성공하려면 운과 재능 중 무엇이 더 중요할까?　　　　109

`PART 2`

쓸모없어 보이는 과학의 쓸모

6	점균에게 전철 노선 설계를 맡겼더니	137
7	모든 말에는 의미가 있다, 욕설까지도	163
8	세상에서 가장 느린 98년짜리 실험	183
9	당신의 편견부터 닦아주는 똑똑한 변기	209
10	이그노벨상과 노벨상은 의외로 가깝다	237

에필로그 이상한 호기심의 찬가	263
감사의 말	272
참고문헌	276

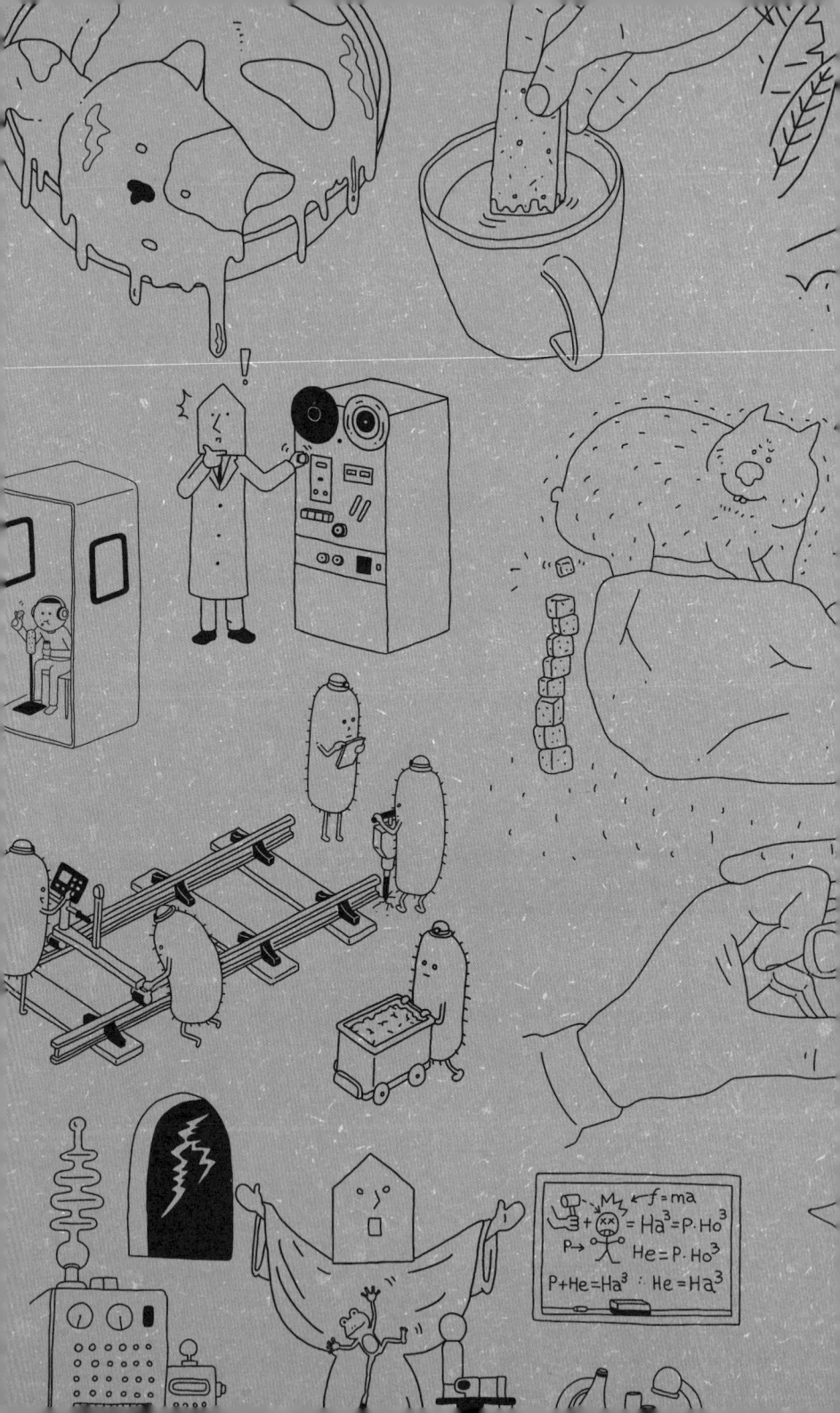

1

웜뱃은 왜
주사위 모양의 똥을 쌀까?

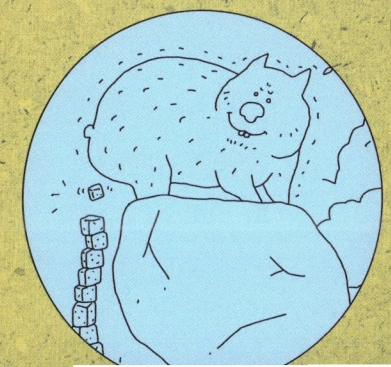

머나먼 남반구 오스트레일리아 대륙의 끝자락, 태즈메이니아섬에서 겪을 수 있는 진귀한 경험은 그곳의 고유종인 웜뱃을 야생에서 마주치는 일일 것이다. 그리고 그보다 더 진귀한 경험은, 야생 웜뱃이 싸놓은 정육면체 모양의 똥 무더기를 보는 일일 것이다.

2010년 초, 태즈메이니아섬 중부의 크레이들산을 등반하고 내려가던 길이었다. 태즈메이니아섬은 독특한 생물군을 가진 것으로 유명한 오스트레일리아에서도 태즈메이니아주머니너구리 같은 희귀한 생물들로 유명한 곳이다. 이 태즈메이니아섬 중앙에 솟아 있는 크레이들산은 섬을 대표하는 국립공원으로, 눈을 조금만 잘 굴려보면 낯선 동물과의 마주침이 아주 특별한 일도 아니다. 물론 그때 내게 우연한 만남에 대한 기대는 없었고, 그저 버스를 타기 위해 서둘러 발걸음을 옮기기

바빴다. 당시 나는 다니는 둥 마는 둥 하던 대학교를 휴학하고 멜버른에서 아르바이트를 하며 돈을 모아 여행 중이었다. 렌터카 빌릴 처지도 안 되는 주제에 버스를 놓치면 큰일이었다.

마음은 급했지만 눈앞에 펼쳐진 구릉지는 아름다웠다. 늦은 오후의 오렌지빛 햇살이 완만하게 펼쳐진 초원을 물들이고 있었고, 풀들은 바람이 내는 길을 따라 한 방향으로 일렁이고 있었다. 바람에 흔들리는 풀의 모습이 잔잔히 물결치는 바다의 모습과 비슷하다는 걸 그때 처음 알았다. 나는 초원 위로 깔린 나무 덱을 뛰다시피 걸어 내려가며 이 풍경을 최대한 눈에 담으려 애썼다. 바다를 가르는 배처럼, 초원을 가르는 거대한 갈색 덩어리를 본 건 그 순간이었다.

가까이 다가가 살펴보니 덩어리의 정체는 토끼보다 훨씬 크고 통통한 몸집에 다리가 무척 짧은 동물이었다. 정수기 물통 혹은 작은 쌀포대만 한 덩치였고 뒤에서는 거의 엉덩이밖에 보이지 않았다. 몸의 절반을 차지하는 것처럼 보일 정도로 거대한 엉덩이였다. 이 동물은 엉덩이를 씰룩이며 종종걸음으로 걸어가더니 곧 초원 사이에 파놓은 굴로 사라졌다. 나중에 찾아보고서야 알게 된 이 동물의 정체는 '웜뱃'이었다. 웜뱃은 오스트레일리아 남동부와 태즈메이니아섬에서만 사는 유대류, 즉 주머니에서 새끼를 키우는 포유류다. 초식성으로 몸길이 1미터, 무게는 20~35킬로그램 정도까지 자라며 약간 졸리고 순하게 생긴 인상을 갖고 있다(크레이들산에서는 엉덩이밖에 못 봤기 때문에 위키피디아에 검색하고서야 얼굴을 확인할 수 있었다). 오직 오스트레일리아 대륙에서만 사는 야생 유대류를 만나다니, 보통 운이 아니었다.

그런데 웜뱃이 사라진 동굴 옆으로 이해할 수 없는 광경이 펼쳐져 있었다. 굴 곁에 쌓인 똥 덩어리였는데 똥의 모양이 주사위형의 정육면체였다. 마치 브라우니 쿠키처럼 생긴 네모난 똥 덩어리가 다소곳이 쌓여 있었던 거다. 지금까지 살면서 길쭉한 똥, 액체 똥, 동그란 똥을 목격하거나 만들어봤지만 주사위 똥은 처음이었다. 내가 본 게 똥이 맞을까? 중간중간 소화되다 만 풀이 섞인 걸 보니 똥이 맞을 듯한데, 도무지 이해할 수 없는 모양이었다. 나는 어리둥절한 마음으로 남은 길을 걸어 내려와 버스에 탔다. 초현실적일 정도로 이상한 '똥'과의 만남이었다.

그날 내가 본 광경이 착각이 아니었다는 사실을 알게 된 건, 그로부터 대략 10년 정도 지나 〈어린이과학동아〉에서 일하던 2019년이었다. 2년 차 막내 기자였던 나는 잡지에 소개할 연구를 찾다가, 어떤 과학자들이 웜뱃이 정육면체 모양의 똥을 싸는 이유를 연구했다는 보도자료를 읽었다. 나는 한편으로는 방금 찾은 연구의 이상함에 싱글벙글하며(모두가 알다시피 어린이들은 똥 이야기에 열광하기 때문이다), 한편으로는 '내

눈과 기억이 잘못된 게 아니었구나' 하고 안도했다. 신기했다. 세상엔 주사위 모양 똥을 싸는 동물도 있고, 똥을 전문으로 연구하는 과학자들도 있고, 주사위 모양 똥을 연구 주제로 삼는 과학자들도 있구나.

어쩌다 똥오줌을 연구하게 되었냐고요?

당신이 과학자라면 무엇을 연구하고 싶은가? 별과 은하처럼 듣기만 해도 아름다운 것? 중성미자*와 우블렉**처럼 바로 이해는 안 되지만 대단히 멋지게 들리는 것?

공학자이자 물리학자인 퍼트리샤 양Patricia Yang의 전문 분야는 똥과 오줌이다. 농담이 아니다. 그는 '생체유체역학', 본인의 홈페이지에 올린 설명에 의하면 "유체역학과 생물학의 교차점에 있는 문제를 연구"하는 과학자다. 혹은 이렇게 소개하는 편이 더 와닿을지도 모르겠다. 그는 똥과 오줌(생명체 내부를 흐르는 대표적인 유체 두 가지) 연구로 이그노벨상을 두 번이나 수상한 과학계의 컬트 스타라고.

* 핵붕괴나 핵융합 과정에서 방출되는 아주 작은 입자로, 다른 물질과의 상호작용이 거의 없어 오랫동안 신비의 입자로 여겨졌다.
** 물과 녹말가루를 섞어 만든 혼합물로, 용기에 담거나 흘려보낼 때는 유체의 성질을 띠지만 외부로부터 충격을 받으면 고체처럼 둔탁해진다.

"정말 학문적인 호기심 때문이었어요. 어느 날 궁금해져서 관련 연구를 뒤져봤는데, 그 누구도 똥과 오줌을 제대로 연구하지 않는다는 사실을 알게 되었죠. 원래 사람들이 더러운 이야기는 잘 안 하려 하잖아요."

모니터 반대편에서 퍼트리샤 양이 연구의 계기를 설명했다. 까무잡잡한 피부에 동그란 눈, 생기 넘치는 목소리 어딘가에 장난기가 녹아 있는 듯한 그도 처음부터 배설물을 연구 주제로 삼으려던 것은 아니었다. "어렸을 때부터 동물을 무척 좋아했어요. 어머니는 생물학자셨거든요. 제 학부 시절 전공은 물리학과 해양공학이었는데, 생물을 함께 다룰 수 있는 분야를 찾다 보니 이런 뜻밖의 주제를 택하게 되었죠."

양은 미국 조지아공과대학교의 데이비드 후David Hu 교수 밑에서 연구자로서의 경력을 시작했다. 후 교수는 동물의 움직임을 연구하는 생체역학 분야의 권위자로, 젖은 강아지가 어떻게 1초도 안 되는 시간 동안 물기의 70퍼센트를 털어내는지(재보니 몸 털기를 하는 순간의 최고 가속도는 지구 중력의 12배에 달했다), 소금쟁이가 어떻게 물 위를 걷는지(촬영해보니 소금쟁이는 다리를 배의 노처럼 움직였다) 등을 연구했다. 양은 그의 밑에서 7년 동안 생물의 몸속을 흐르는 다양한 유체를 연구했다. 이것들 중 첫 연구 대상이 된 유체, 결과적으로 첫 이그노벨 물리학상을 안겨준 유체는 오줌이었다.

데이비드 후 교수는 자신이 쓴 책 《물 위를 걷고 벽을 기어오르는 법》에서 이 오줌 연구가 갓 태어난 아들의 기저귀를 갈아주다 오줌발을 가슴에 정면으로 맞은 사건에서 시작됐다고 회상했다. 아기가 무려 21초 동안이나 가슴팍에 오줌을 갈겼다는 것이다. 후 교수는 치미는 화를 가라앉히기 위해 마음속으로 숫자를 세다가 문득, 겨우 4.5킬로그램인 아기가 방광을 비우기에 21초는 꽤나 긴 시간이라는 생각이 들었다. 곧이어 화장실에서 직접 소변을 보면서 세어보니 자신이 방광을 비우는 데는 23초가 걸렸다. 소변량은 거의 10배 차이가 날 텐데 소변 배출에 걸리는 시간은 겨우 2초 차이였다. 이 축축한 발견은 곧 "동물들의 소변 배출 시간은 몸무게에 상관없이 일정한가?"라는 질문으로 이어졌다. 몸집이 집채만 한 동물, 가령 코끼리는 오줌의 양도 많을 테니 생쥐나 개, 인간보다 오줌을 싸는 데 훨씬 오래 걸려야 하지 않을까?

이 수수께끼를 풀기 위해 투입된 사람이 양이었다. 양과 후 교수는 유체역학 수업에서 학부생들의 자원을 받아 포유동물들이 몸 크기에 따라 소변을 누는 데 걸리는 시간에 차이가 발생하는지 조사하기로 했다. 조사 방법은 직접측정과 촬영이었다. 강아지로 사전 연습을 마친 그들은 아침 7시 30분이면 애틀랜타동물원에 출근해 오후까지 머무르면서 반사판과 고속 촬영 카메라로 코끼리와 사자를 비롯한 다양한 동물이 오줌 싸는 장면을 촬영하고 오줌의 양을 쟀다. 그것도 모자라 유튜브에서 수많은 동물의 용변 장면을 찾아봤다.

이렇게 모은 자료를 분석해보니, 소형견부터 코끼리까지 거의 모든 동물이 방광을 비우는 데 걸리는 시간은 21±13초였다. 오차 범위가 커 보이지만, 수백에서 수천 배 차이 나는 몸 크기에 비교하면 매우 일정한 편이었다. 조그만 소형견이 싸는 한 컵 정도의 오줌이나 트럭만 한 코끼리가 20리터 대용량 쓰레기통에 가득 차게 싸는 오줌이나 비슷한 시간 안에 몸을 빠져나온다니! 이 이유를 찾는 부분에서 바로 생체유체역학이 등장한다.

생체유체역학자는 동물을 물통으로 본다

생체유체역학 연구자들은 여느 사람과 조금 다른 방식으로 동물을 관찰한다. 그들이 보는 동물은 부드러운 털을 가지고 꽥꽥 으르렁대는 존재가 아니라, 내부에 액체가 흐르는 긴 관과도 같다. 그들에게 동물의 대변은 중력과 내부 압력을 받아 몸 밖으로 흐르는 끈적한(과학자들 표현으로는 '점성이 있는') 유체가 된다. 과학자들은 이런 추상화를 통해서 대소변의 색깔과 냄새 같은 불필요한 특성에 정신을 빼앗기지 않고 유체역학 방정식을 동물에 적용할 수 있다.

과학자들의 추상화 능력을 잘 보여주는 사례로 2003년 핀란드 오울루대학교의 빅터 베노 마이어-로쇼프Victor Benno Meyer-Rochow 교수가 남극 펭귄들의 배변 습관을 분석한 논문에 실린 펭귄 그림을 들 수 있다. 마이어-로쇼프 교수는 퍼트리샤 양의 이그노벨 선배라 할 만한 인물로, 요제프 갈József Gál 박사와 함께 쓴 이 논문으로 2005년 이그노벨 유체역학상을 수상했다. 이 논문이 유명해진 이유에는 주제의 특별함도 있지만, 연구자들이 정성 들여 괴발개발로 그린 펭귄 그림도 한몫했다. 미학적 고려를 완전히 배제한 채 유체역학적 흐름에만 집중한 그림이 오히려 인기를 끌었던 것이다(한동안 인터넷에서 이 펭귄 그림을 프린트한 티셔츠가 팔릴 정도였다).

"일본에서 열린 강연에서 남극 탐사 때 찍은 펭귄 둥지 사진을 보여주자, 한 학생이 펭귄 둥지 주변의 줄무늬는 어떻게 만들어진 건지 질문하더군요. 사실 그 줄무늬는 장식이 아니라 펭귄의 똥이었어요." 뉴질랜드에서 태어나 아프리카 앙골라부터 그린란드, 북극, 파푸아뉴기니, 북한, 대한민국 안동까지 세계 각지를 돌아다닌 마이어-로쇼프 교수가 연구의 아이디어를 얻은 곳은 남극의 똥투성이 펭귄 둥지였다. 산란기에 접어든 펭귄은 알을 지켜야 하니 둥지에 머무르면서 용변을 처리한다. 그들이 선택한 방법은 엉덩이를 둥지 바깥으로 내밀고 최대한 멀리 쏘아 보내는 것이다.

2005년 유체역학상

"펭귄이 똥을 쌀 때 얼마나 큰 압력을 필요로 할까?"

수상자 빅터 베노 마이어-로쇼프, 요제프 갈

연구 내용 알을 품는 펭귄은 둥지를 떠나기 힘들기 때문에 둥지에서 최대한 멀리, 약 40센티미터 거리까지 똥을 발사한다. 두 연구자는 턱끈펭귄과 아델리펭귄의 키, 항문 지름, 똥의 발사 속도를 계산하여 항문의 압력이 0.1~0.6기압에 이를 것이라 계산했다.

연구의 매력 포인트 세 쪽짜리 논문에 실려 있는 엉성하지만 귀여운 펭귄 그림.

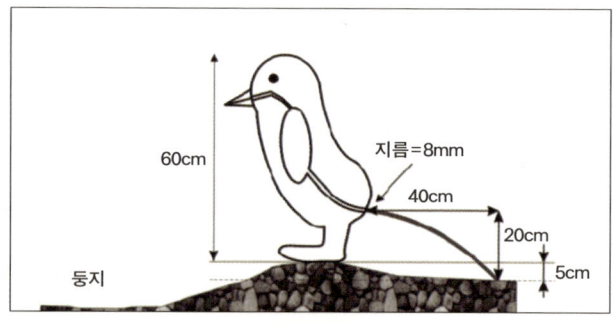

위에서 내려다본 펭귄 둥지. 펭귄 배설물의 흔적이 방사형으로 둥지를 둘러싸고 있다.

학생의 질문에 호기심이 생긴 마이어-로쇼프 교수는 펭귄이 얼마나 똥을 멀리 쏘아 보낼 수 있는지, 조교인 요제프 갈 박사와 함께 연구를 시작했다. 그들은 다음 남극 탐사에서 배설물이 발사된 거리와 펭귄 항문의 지름을 측정하고 사진으로 남겼으며, 돌아와서는 동물원에도 방문했다. "점도를 측정하려면 동물원의 펭귄에게서 배설물을 수집해야 했거든요."

연구 내내 지독한 악취를 견딘 결과, 펭귄은 올리브오일 정도의 점도를 가진 배설물을 40센티미터 거리까지 발사할 수 있다는 사실이 밝혀졌다. 이때 펭귄 항문의 압력은 최고 0.6기압까지 올라간다는 계산 결과도 나왔다.

퍼트리샤 양 팀의 연구에서도 동물을 물통과 호스로 치부하는 아름다운 추상화 전략이 효력을 발휘했다. 양 연구팀은 종마다 다른 포유동물의 복잡한 비뇨기를 오줌이 들어 있는 주머니인 방광과 그 아래쪽으로 오줌이 흘러나가는 통로인 요도로 최대한 단순화했다. 이 모식도에서 방광에 차 있는 오줌은 중력의 영향을 받아 요도로 흘러나간다. 중요한 부분은 요도 길이와 지름 사이의 비율이다. 다양한 포유동물에서 두 수치 사이의 비율이 약 18 정도로 일정하게 나타난 것이다. 이 비율이 일정하면 방광을 비우는 데 걸리는 시간도 일정해진다. 무슨 뜻이냐? 데이비드 후 교수는 "성인 여성의 요도는 5센티미터 길이에 커피 휘젓개 하나의 너비다. 그러나 암컷 코끼리의 요도는 1미터 길이에 여러분의 주먹 너비다. 이런 치수는 코끼리로 하여금 샤워기 다섯 개에서 나오는 유량으로 소변을 볼 수 있게끔 해준다"라고 설명했다.

즉 코끼리처럼 큰 동물은 오줌의 양이 많지만, 긴 요도를 통과하면서 중력의 영향을 받아 바깥으로 시원하게 쏟아져 나온다(콸콸!). 이에 비해 작은 동물의 오줌은 중력의 영향을 덜 받지만 그만큼 오줌의 양도 적다(졸졸). 퍼트리샤 양은 계산을 통해 3킬로그램이 넘는 포유동물이 방광을 비우는 데 걸리는 시간은 배출된 소변의 양과 상관없이 일정할 수 있다는 결론에 이르렀다. 결국 어떤 동물이든 방광을 비우는 데 약 21초가 걸리는 것이다.

왜 대다수의 포유동물은 요도의 길이와 지름의 비율이 일정할까? 다르게 말하면, 왜 모두들 오줌 싸는 데 굳이 21초가 걸리도록 진화했을까? 후 교수는 이 미스터리가 동물의 생존과 관련 있으리라 추측했다. 외부의 포식자를 피하려면 가급적 오줌을 싸는 데 걸리는 시간이 짧을수록 좋을 것이다. 알다시피 용변을 보는 순간은 외부의 위협에 가장 취약한 때다(누군가 당신이 똥 싸는 순간에 공격한다 생각해보라. 그놈은 인간도 아니

• 데이비드 L. 후, 《물 위를 걷고 벽을 기어오르는 법》, 조미현 옮김, 에코리브르, 2019, 96쪽

다). 오줌을 싸는 데 오랜 시간을 소모하면 포식자에게 발견되거나 공격받을 수 있는 시간도 그만큼 길어지는 셈이다. 재밌는 점은, 배뇨 시간을 엄청 짧게 줄인다고 해서 생존에 유리하진 않다는 사실이다. 배뇨 시간이 짧아지려면 요도의 폭이 넓어지거나 길이가 짧아져야 하는데, 그러면 기생충이나 세균의 감염 위험이 커지기 때문이다. (이것은 여성이 남성보다 요도염이나 방광염 등을 더 자주 앓는 이유 중 하나이기도 하다. 남성의 평균 요도 길이는 약 20센티미터인데, 여성의 평균 요도 길이는 4센티미터로 매우 짧아 외부에서 세균이 침입하기 더 쉽다.)

즉 포유동물이 오줌 싸는 데 걸리는 21초는 포식자와 세균의 위협을 동시에 피할 수 있게 진화적으로 조정된 마법의 숫자일지도 모른다.

연구의 블루오션이 열리다

퍼트리샤 양이 참가한 첫 논문인 〈배뇨 시간은 신체 크기에 따라 변하지 않는다Duration of urination does not change with body size〉는 발표와 동시에 세간의 뜨거운 관심을 받았다. 언론과 대중은 연구의 충격적인 주제에 관심을 가졌고, 동료 연구자들은 논문에 고해상도 풀컬러로 실린 동물의 오줌발을 보면서 눈살을 찌푸렸다. 나 또한 논문에 오줌발 사진을 종류별로 실은 이

코끼리(왼쪽)와 쥐(오른쪽)가 오줌을 누는 장면. 퍼트리샤 양과 데이비드 후 연구팀의 논문에는 다양한 동물의 배뇨 장면이 확대되어 실려 있다. 코끼리처럼 큰 포유류의 오줌은 중력의 영향을, 쥐처럼 작은 포유류는 점도의 영향을 더 크게 받는다.
©Patricia Yang et al. PNAS

유를 물어보지 않을 수 없었다. "연구에 임하는 자세 자체는 완전히 진지했어요. 물론 여러 군데 유머를 섞었죠. 가령 논문에 굳이 고화질로 확대 촬영한 오줌 싸는 사진을 여러 장 모아서 넣은 부분이라든가요." 그의 답이다.

이그노벨상 위원회가 양의 연구팀에게 연락을 취한 것은

2015년 4월경이었다. 용건은 밝히지 않은 채 전화 통화를 하고 싶다는 메일이 도착했다. 이그노벨상이 노벨상과 비슷한 부분은 수상 소식을 전화로 알려준다는 점이다. 이그노벨상이 노벨상과 다른 부분은 전화로 수상 소식을 알려주면서, 상을 받을지 거절할지 물어본다는 점이다. "모두가 이그노벨상을 받고 싶어 하는 건 아니에요. 자칫 웃음거리가 될 수도 있으니까요." 양의 연구팀도 마찬가지였다.

연구자들의 입장에서, 이그노벨상에는 명과 암이 동시에 존재한다. 자신들의 연구와 연구 분야에 관한 엄청난 관심을 받을 가능성이 밝은 측면이라면, 터부시되는 주제를 연구하는 이상한 괴짜로 오인될 가능성이 어두운 측면이다. 연구팀은 논의 끝에 이그노벨상을 받기로 결정했고, 2015년 시상식에 참석해 이그노벨 물리학상을 가져갔다. 반향은 즉각적으로 나타났다. 수많은 매체가 인터뷰를 요청해왔고, 그들의 연구가 다양한 곳에 소개됐다. 이그노벨상 결과 발표 이후 그들의 논문은 다운로드 횟수가 10배로 늘어났다.

양은 이런 혼란스러운 관심 속에서 자신들의 연구가 유체역학적 방법을 비뇨기계에 본격적으로 도입한 선구적 연구 중 하나가 됐다는 점을 깨달았다. "충격이었어요. 〈네이처〉를 비롯한 여러 저널을 뒤져봤지만, 소변의 흐름에 관해서 유체역학적 방법을 적용한 연구는 없다시피 했어요. 유체역학자들은 그런 '더러운' 부분은 많이 건드리지 않았던 것 같아요. 아무도 말하거나 생각하지 않은 분야라니, 저한테는 블루오션이나 마찬가지였습니다."

소변 연구자의 다음 연구 주제는 자연스레(?) 대변이 됐다. 양은 다시 한 번 학부생들을 이끌고 애틀랜타동물원으로 돌아갔다. 포유류 34종의 똥이 항문 밖으로 비집고 나오는 장면을 촬영하고, 똥을 줍고, 유튜브에서 배변 영상을 수집했다. 이번 결과도 비슷했다. 고양이부터 개, 사자, 고릴라, 코뿔소, 코끼리까지, 몸무게가 1000배가량 차이 나는 포유동물들의 배변에 걸리는 시간은 평균 12±7초였다. 배변 시간도 큰 차이를 보이지 않은 것이다. 인간의 배변 속도가 초속 2센티미터라면, 코끼리는 초속 6센티미터로 훨씬 시원하게 장을 비웠다. 대변의 양이 많은 만큼 빠르게 속을 비워낸 것이다. 그런데 속도에 차이가 생기는 이유가 오줌과는 달랐다.

우리의 입으로 들어온 음식은 성인 남성 기준 약 9미터를 이동해야 밖으로 나갈 수 있다. 음식물로 하여금 위와 십이지장, 소장, 대장에 이르는 여정을 가능케 하는 원동력은 소화관의 '연동운동'이다. 소화관을 둘러싼 근육이 파도를 타듯 리드미컬하게 움직이면서 음식물을 다음 방향으로 밀어내는 것이다. 음식물 기준으로 위쪽의 소화관 근육은 수축하고, 아래쪽 소화관 근육은 이완하면서 음식물을 일정한 방향으로 이동하게 한 결과, 물구나무를 서 있어도 제대로 소화할 수 있다.

그러나 연동운동과 밀어내는 힘만으로는 코끼리 대변의 민첩한 움직임을 충분히 설명할 수 없다. 연구팀은 몸속에서 갓 배출된 따끈한 대변 겉에 미끈거리는 점액이 묻어 있는 것을 발견했다. 이 점액은 대장 벽을 지나면서 대변 표면이 코팅된 결과로, 점성이 대변의 100분의 1 정도로 매우 낮았다. 연구팀이 동물의 대변을 다시 분석해보니, 몸집이 큰 동물일수록 대변 겉에 점액층이 두껍게 형성돼 있었다.

연구팀이 점액질이라는 변수를 포함해 만든 배변 수학모델에서는 몸집이 큰 동물일수록 똥이 빠르게 바깥으로 '미끄러진다'. 이들의 통찰을 포함해 재구성한 음식의 여행은 다음과 같다. 입으로 들어온 음식물은 물리적으로 부서지고, 화학적으로 분해되면서 영양분을 소화기관에 헌납한다. 이렇게 죽이 된 음식물은 장내 미생물과 섞이고 수분을 흡수당하면서 부드러운 고체의 모습으로 변한다. 마지막으로 대장에서 점액을 한 번 코팅한 다음, 바깥으로 쑥! 미끄러져 나온다. 이전에 알려지지 않은 점액의 중요성을 발견한 순간이었다.

웜뱃의 비밀은 똥구멍이 아니라 내장에 있다

"한 학회에서 내장 운동에 관한 수학모델을 발표한 직후

였어요. 청중 중 누군가가 '혹시 이 모델이 웜뱃에게도 적용되냐'고 묻더라고요. 웜뱃은 그때까지 들어본 적도 없는 동물이었어요."

퍼트리샤 양이 발표한 내장 운동 모델은 내장 근육이 내용물에 고른 압력을 가한다고 가정했을 텐데, 각진 똥을 누는 웜뱃에게는 이 모델이 제대로 작동하지 않을 수 있을 것이라는 질문이었다. 이전까지 듣도 보도 못한 동물의 똥에 관한, 연구팀에게 두 번째 이그노벨상을 안겨준 연구가 시작된 순간이었다. 처음에 양은 항문의 형태를 의심했다.

"그때까지 제가 본 모든 똥은 내장기관의 단면처럼 둥글었어요. 처음에는 항문의 형태가 사각형이 아닐까 의심했죠."

사각형 똥을 만드는 가장 단순한 방법은 사각형 항문을 가지는 것이다. 입구가 별 모양인 어린이용 치약의 경우처럼 사각형 항문을 통과한 똥은 네모난 모양으로 만들어지지 않을까. 양의 연구팀은 로드킬 당한 불행한 웜뱃 두 마리의 사체를 오스트레일리아에서 미국의 실험실로 공수해왔다. 그러나 CT 촬영으로 본 웜뱃의 똥구멍은 다른 동물과 다를 바 없이 평범하게 동그랬다. 똥구멍은 범인이 아니었다.

그렇다면 웜뱃의 대변이 다른 형태로 빚어지는 비밀은 다른 부위에 있을 터. 연구팀은 다음으로 내장의 조직 구조를 확인해보기로 했다. 어떻게? 길쭉한 풍선을 웜뱃의 내장에 넣고 부풀리는 방법으로. 다른 동물, 예를 들어 이 실험에서 비교를 위해 가져온 돼지의 내장은 그 내부의 풍선에 바람을 넣으면 전체가 균일하게 부풀었다. 그러나 웜뱃의 내장에서는 특이한 일이 일어났다. 내장이 균일하게 부풀지 않았던 것이다. 웜뱃 창자의 신축성이 균일하지 않다는 의미였다.

내장의 단면, 즉 동그란 곱창을 마주한다고 상상해보자. 동그란 단면에서 안쪽으로 균일한 힘이 주어진다면 내용물도 내장의 생김새처럼 동그랗게 만들어지고, 그 결과 단면이 동그란 똥이 나온다. 그러나 웜뱃 내장의 단면을 잘라 확인해보니, 내장 조직을 이루는 근육의 두께와 경직도가 다양했다. 장 단면에서 근육이 많은 단단한 부분은 빠르게 수축하면서 변을 더 세게 밀어냈다. 상대적으로 근육이 적은 부드러운 부분은 느리게 수축하면서 변의 모서리(편평한 부분)를 만들었다. 소화된 음식물이 내장을 흘러가면서 불균일한 압축 과정을 약 10만 번 정도 거치자, 보기 좋게 각이 진 똥이 만들어진 것이다.

실제로 연구팀이 살펴본 로드킬 당한 웜뱃의 내장 속에는 똥이 가득 들어 있었다. 내장 상부에서는 다른 동물들처럼 축축하고 단면이 둥그랬던 똥이, 대장의 끝으로 갈수록 점점 주사위 형태로 빚어져 있었다. 정답은 대장의 신축성이었다. 이 결과로 양의 연구팀은 2019년 이그노벨 물리학상을 받았고, 두 번째 수상식에는 웜뱃 똥 모양을 닮은 주사위 형태의 모자를 쓰고 참가했다. 연구 결과를 정리한 논문은 2021년 학술지 〈소프트 매터Soft Matter〉에 실렸는데, 학술지 제목인 '부드러운 물질'에 무엇보다 잘 어울리는 연구였다.

그런데 똥오줌 연구해서 어디다 쓰나요?

코끼리의 오줌발과 웜뱃의 똥 연구는 좀 더럽지만, 귀엽고 재밌다. 하지만 그 실용성에 관한 고민이 드는 건 어쩔 수 없다. 이런 연구를 나 같은 과학 너드들의 농담 말고 어디에 쓸 수 있단 말인가.

"무의미한 연구는 거의 없습니다."

마이어-로쇼프 교수는 이메일 인터뷰에서 이렇게 단언했다. 교수는 펭귄 똥 연구를 발표한 이후 수많은 이들로부터 연락을 받았다. 고생물학자(공룡 둥지 화석 주변에서 발견된 줄무늬도 똥일까?), 동물원의 조류학자(새장을 관람객들로부터 어느 정도 거리에 설치해야 관람객들이 새똥을 맞지 않을까?), 아프리카의 전력 공사팀(독수리 똥 때문에 자꾸 정전이 일어나는데 어떻게 해결하면 좋을까?)까지 미처 몰랐던 많은 분야의 사람들이 펭귄 똥 연구와 관련 있는 문제로 고민하고 있었고, 그의 연구에서 지적 자극을 받은 것이다. 고민은 학술적으로도 이어져서 2020년에는 일본 연구팀이 후속 연구를 발표하기도 했다.

퍼트리샤 양 교수의 연구도 마찬가지다. 똥과 오줌에 관한 생체유체역학 연구는 무엇보다도 의학적으로 중요하다. "당신이 화장실에 갔는데, 소변을 보는 데 21초가 아니라 1분이 걸렸다고 생각해봐요. 이건 분명히 건강상의 문제가 있다는 뜻입니다." 또 다른 활용법도 있다. 공장에서 정육면체를 만드는 제조 공정에 웜뱃의 창자와 비슷한 원리를 도입할 수 있다는 것이다. 양은 2018년 진행했던 한 인터뷰에서 이렇게 말했다. "인류는 지금까지 쌓거나 깎는 두 가지 방식으로만 정육면체를 만들 수 있었습니다. 우리는 세 번째 방법을 발견했습니다."

연구를 읽는 독자들보다 더 절박하게, 과학자들은 연구의 정당화가 필요하다. 똥이든 오줌이든 필요한 연구비와 인력을 지원받으려면 누군가에게 연구의 의미를 설득해야 하기 때문이다. 퍼트리샤 양과 동료들이 밝혀낸 생체유체역학의 연구 성과는, 터부시되는 주제와 그 주제의 중요성이 항상 일치하지 않는다는 사실을 보여준다.

과학의 변경에 머무는 연구 주제들

다시 물어보겠다. 당신이 과학자라면 무엇을 연구하고 싶은가? 제왕나비와 티베트 눈표범처럼 듣기만 해도 아름다운 것? 쿼크와 퀘이사처럼 바로 이해는 안 되지만 대단히 멋지게 들리는 것?

'처음엔 웃음이 나오지만, 곧이어 진지하게 생각해보게 만드는 연구.' 이그노벨상의 모토에 생체유체역학의 성과만큼 잘 어울리는 연구도 찾기 힘들 것이다. 똥과 오줌은 아름답거나 희귀하지 않으며(원한다면 당장이라도 여러분이 직접 만들어낼 수 있다), 대단하고 신기하지도 않다. 우리가 '멋진 과학 연구'에서 기대하는 소재와 완벽히 배치되며, 심지어는 오래된 문화적 금기로 인해 진지한 연구가 이루어질 수 있다는 자체를 상상하기 힘든 소재다. 만약 과학 연구의 성과들을 지도로 나타낸다면, 똥과 오줌 이야기는 도시와 산맥에서 멀리 벗어난 영토 변두리에서야 겨우 찾을 수 있을지도 모른다. 그러나 그 연구들이 가진 중요성은 결코 작지 않다. 어쩌면 양은 호기심으로 사회의 터부를 정면 돌파하면서, 과학의 변경 지대에서 보물을 찾아낸 과학자일 수도 있다.

과학 팬으로서 나를 들뜨게 하는 점은 양의 연구 커리어가 이제 시작이라는 사실이다. 퍼트리샤 양은 현재 대만 국립 칭화대학교의 조교수로 부임해 생체유체역학 연구를 이어나가는 중이다. 교수직을 얻을 수 있었던 데에는 이그노벨상이 한몫했다고 양은 말한다. "두 번의 수상 덕분에 제 연구가 엄청난 주목을 받았죠. 아직도 한 줌이긴 하지만 10년 사이 생체유체역학 연구자도 늘었습니다." 중요성에 비해 과소평가되었던 생체유체역학이란 분야가 이그노벨상의 도움으로 대중의 주목을 받았다는 말이다. 양에게 있어 이그노벨상은 "과학 커뮤니케이션의 가장 좋은 사례" 중 하나였다.

퍼트리샤 양은 이제 자신의 연구실에서 직접 생체유체역학 연구를 이끌고 있다. 혈관 속 피의 흐름, 무리 지어 나는 철새의 날갯짓이 연구 주제 중 일부다. 물론 똥 이야기도 놓칠 수 없다. 양의 이야기를 듣다 보면 세상에는 정말 이상한 똥을 누는 동물이 많다는 사실을 알게 되는데, 이 또한 이그노벨상의 순기능 중 하나이리라.

"이그노벨상을 받은 후로 달라진 점 중 하나는 주변 사람들이 제게 자꾸 이상한 똥에 관한 소문을 알려준다는 겁니다. 최근에는 흰개미가 육각형 비슷하게 생긴 똥을 눈다는 이야기를 들어서 관심을 가지고 있답니다! (웃음)"

2

어떻게 하면 가장 맛있는 감자칩을 먹을 수 있을까?

'덩크dunk'라는 단어를 들어보았는가? 농구 경기에서 볼 수 있는 멋진 2점 슛을 생각하는 분이 많겠지만, 원래 영어에서 '덩크'는 '음식을 먹기 전에 액체에 담그다'라는 뜻을 가진 동사였다. 펜실베이니아 독일어(미국 아미시가 사용하는 독일어 방언)의 'dunke(담그다)'에서 유래한 이 동사는 대개 비스킷 같은 음식을 차나 커피에 일정 시간 담갔다가 먹는 관습을 표현할 때 쓰였다. 이렇게 음료에 적시면 비스킷이 부드러워질 뿐만 아니라, 비스킷에 함유된 설탕 결정이 녹아 음식의 풍미도 더 깊어진다나. 아, 이제 '던킨 도너츠Dunkin' Donuts'의 던킨이 어디서 왔는지 알 것 같지 않은가? (궁금증이 풀리지 않는 분들을 위해 첨언하자면, 우리가 아는 '덩크슛'은 1936년 3월, 메디슨 스퀘어 가든에서 열린 농구 경기에서 '맥퍼슨 글로브 리파이너스'의 조 포텐베리가 농구공을 후프에 메다꽂으면서 탄생했다는 것이 정설이다. 20년 후

퓰리처상 수상 기자로 명성을 날리게 될 〈뉴욕 타임스〉의 스포츠 기자 아서 데일리는 이 광경을 목격하고 "커피에 롤빵을 덩크하는 카페테리아 손님처럼 공을 후프로 던졌다"는 내용이 담긴 기사를 썼고, 덩크란 동사는 이렇게 우연히 농구계에 첫발을 내디뎠다.)

여러분도 비스킷을 차에 담가 먹어봤는지 모르겠지만, 지금까지 알려진 바로 덩크란 식습관은 16세기 영국 해군이 싣고 다니던 비스킷이 너무 딱딱한 나머지 선원들이 비스킷을 맥주 등의 음료에 담가 먹어야 했다는 슬픈 이야기에서 유래했다. 당시 '하드택hardtack'이라 불리던 비스킷은 전혀 부풀리지 않은 밀가루 반죽을 굽는 방식으로 만들어졌다. 장기간의 항해를 버틸 수 있도록 무게를 줄이고 잘 상하지 않게 하기 위함이었다. 즉 영국 해군의 비스킷은 부드러운 디저트도 아니고, 군용 건빵도 아닌, 벌레마저 뚫고 들어가기 어려운 벽돌 강도의 보존음식이었다는 뜻이다. 당연히 이 비스킷은 이도 들어가지 않을 정도였으므로 액체에 적셔 먹을 수밖에 없었다고 한다.

어쨌든 19세기 영국에서 하드택이 아닌 맛있는 비스킷을 차에 담가 마시는 풍습이 인기를 끌었던 것은 확실하다. 전 세계에 식민지를 건설한 대영제국의 위상과 함께 이 풍습 또한 널리 퍼지며 다양한 지역적 변주를 낳았다. 예를 들어 네덜란드에서는 차나 커피에 스트룹와플(중간에 달콤한 캐러멜 시럽이

들어간 와플)을, 호주와 뉴질랜드에서는 커피에 생강 비스킷을, 미국에서는 우유에 오레오를 담가 먹는다. 그런데 이 모두가 공통적으로 가지는 문제가 하나 있었으니, '음식을 액체에 도대체 얼마나 오랫동안 담가두어야 하는가'였다. 담가놓은 시간이 너무 짧으면 비스킷이 충분히 부드러워지지 않을 테고, 너무 길면 물러진 비스킷이 부서져 차 맛을 버리고 테이블을 더럽힐 테니까.

비스킷을 어떤 각도로 찻잔에 '덩크' 하면 좋을까?

영국 브리스틀대학교 물리학과의 렌 피셔Len Fisher 교수 앞으로 떨어진 연구 주제가 바로 이것이었다. 그는 영국 사람들이 차에 많이 찍어 먹기로 유명한 다이제스티브 비스킷을 만드는 식품회사인 맥비티McVitie's의 의뢰를 받아 '전국 비스킷 덩킹 주간'에 발표할 최적의 덩크 조합을 찾는 연구를 진행했다. 물리학자가 어떻게 이 문제를 푼단 말일까? 피셔 교수는 비스킷의 물리적 구조를 분석하는 데에서부터 연구를 시작했다. 구조적 측면에서 보면 비스킷은 건조된 전분 알갱이와 설탕, 지방이 얼기설기 쌓인 일종의 스펀지 형태다. 눈에는 잘 보이지 않지만 비스킷을 확대해보면 내부에 구멍이 많이 난 다공성 구조를 이루고 있다. 차에 비스킷을 담갔을 때 비스킷이 차를 쭉 빨아들이는 듯 보이는 이유도 이 때문이다. 내부의 구멍으로 모세관현상이 일어나 차가 비스킷 구석구석으로 흡수되는 것이다. 어렸을 때 실험한 모세관현상을 떠올려보라. 액체 분자와 액체를 담은 얇은 관 사이에 작용하는 인력으로 액체가 위로 빨려 올라가는 것처럼, 비스킷이 차의 액체 분자들을 끌어당기면서 흡수하고 이렇게 흡수된 차는 비스킷의 화학적 변용을 주도한다. 뜨거운 액체는 스펀지 구조의 뼈대를 이루는 전분을 부드럽게 만들고, 설탕을 녹여버린다. 그 결과 축축해진 비스킷이 흐물흐물해지고, 결국은 풍덩! 비스킷 앞쪽 절반이 부서지면서 당신의 찻잔에 빠져버린다. 이것이 물리학자가 비스킷을 보는 방식이다.

다음으로 피셔 교수는 비스킷을 차에 담가놓는 최적의 시간을 찾기 위해 비스킷 모델에 '워시번 방정식'을 활용했다. 피셔 교수는 다공성 물질의 모세관현상을 설명하는 이 방정식이 비스킷의 변화를 예측하는 데도 잘 통한다는 사실을 알게 됐다. 원래 워시번 방정식은 '중력 효과가 없는 단일한 원통 튜브'라는 환경에만 적용되지만, 액체(차)의 점도와 표면장력, 튜브의 평균 기공 직경(젖은 비스킷 내부의 빈틈)을 구해서 대입하면 얼마의 시간 동안 어느 정도 차가 스며드는지 계산할 수 있었다.

다양한 비스킷 여러 박스를 차에 담그면서 그가 얻어낸 '맛있는 통찰' 중 몇 가지를 소개하자면 다음과 같다. 첫째, 비스킷은 수면에 평행하게 담가라. 피셔 교수팀이 실험한 결과, 비스킷을 한 면만 차에 담갔을 때 부서지기 전까지의 수명이 무려 네 배 가까이 증가했다. 즉 한 면만 젖은 비스킷의 경우 액체가 비스킷 전체로 확산되는 데 걸린 시간이 두 면을 다 담갔을 때보다 네 배 정도 길었다. 한 면만 담그면 젖지 않은 윗면이 비스킷을 지탱해서 부서지지 않는 것이다. 물론 비스킷을 담글 때 손가락이 뜨거운 차에 빠지지 않도록 주의해야 한다.

둘째, 생강 비스킷은 3초만 적시는 게 좋지만, 다이제스티브는 8초를 적셔라. 비스킷의 굳기와 성질에 따라 덩킹에 적당한 강노가 다르다는 의미다.

셋째, 한 면에 초콜릿이 발린 비스킷은 젖어도 강도가 유지된다. 초콜릿이 젖은 비스킷을 부서지지 않도록 잡아주는 '균열 방지제' 역할을 훌륭하게 해내기 때문이다. 다만, 초콜릿이 묻지 않은 면을 차에 담그는 것이 좋다. 초콜릿이 묻은 면을 담그면 액체에 젖어드는 속도가 워시번 방정식의 예측치와 달라지는 데다, 초콜릿이 녹아 차의 맛이 변한다. '초콜릿이 발린 비스킷을 담그되, 초콜릿이 발리지 않은 면을 차에 수평으로 담가라. 초콜릿으로 코팅된 면까지 젖기 전에 비스킷을 꺼내라.' 피셔 교수팀이 내린 결론이었다.

식품회사의 후원을 받아 진행된, 이해 충돌이 다분한 연구였지만 피셔 교수의 실험 결과는 차에 미친 영국인들의 열광적인 반응을 이끌어냈다. 피셔 교수의 발표를 필두로 수많은 언론과 개인들이 별별 종류의 비스킷을 차에 담그는 실험을 하며 이 연구를 확장했다(공통적으로 딱딱한 오레오가 가장 별로라는 결론이 나왔다). 그리고 맥비티는? 그들이 후원한 연구가 30년이 다 돼가도록 브랜드명과 함께 언급되고 있으니 이 얼마나 훌륭한 투자였던가!

영국인들에게 행복한 티타임을 선사한 대가로, 렌 피셔 교수는 1999년 이그노벨 물리학상을 수상했다. 재미있게도 1999년 이그노벨상은 유독 차와 관련한 연구가 많이 언급된 해였다. 피셔 교수와 함께 물리학상을 받은 다른 이는 찻물을 최대한 깔끔하게 부을 수 있는 찻주전자 주둥이를 연구한 영국의 수학자였다. 또한 차를 끓이는 방법에 관한 규정 'BS-6008'을 작성한 영국표준협회가 문학상을 수상하며 영국의 명예를 드높였다. BS-6008은 완벽한 차 한 잔을 위한 레시피로, 전력 및 조명용 고무 절연 케이블(BS-6007)과 일회용 주삿바늘(BS-6009) 항목 사이에 수록되어 있다. 여섯 쪽이나 되는 이 자세한 규정은 훗날 국제표준화기구ISO의 홍차 표준 ISO 3103으로 지정되기도 했다(딱 한 군데 반대한 국가가 역사적 앙숙인 아일랜드였다). 누가 차에 미친 국가 아니랄까 봐!

우리는 감자칩을 귀로도 먹는다

여기까지 읽었다면 느꼈겠지만, 이그노벨상이 똥과 오줌만큼 즐겨 다루는 소재는 음식이다. 혹시나 책을 펼치자마자 등장한 난데없는 똥오줌 이야기를 꺼림칙하게 느꼈을 분이 있을까 봐, 이번에는 여러분의 입맛을 돌아오게 할 음식에 관한 연구들을 모아봤다(똥 이야기 하자마자 밥 이야기하는 게 더 꺼림칙한 분이 있다면 사과드린다).

렌 피셔가 연구한 차와 비스킷의 물리학이 대표적이지만, 실제로도 꽤 많은 식품 연구가 다양한 분야의 이그노벨상을 받았다. 시작은 시리얼이 어떻게 액체에 젖어 눅눅해지는지 그 과정을 분석한 1995년의 물리학상이었다. 2007년에는 그릇 바닥에 호스를 연결해 '무한 리필 그릇'을 만들어 음식이 무한으로 제공될 때 사람들은 평소보다 얼마나 더 먹는지를 알아본 연구원이 영양학상을 받기도 했다(결과는? 54명의 실험 참가자가 평소보다 73퍼센트나 많은 수프를 먹고도, 평소보다 더 먹었다고 생각하지 않았다).

왜 이렇게 많은 식품 연구들이 이그노벨상을 받을까. 어쩌면 질문의 인과가 반대일지도 모른다. 음식의 맛과 향미를 향상시키고 보존 기한을 늘리는 식품과학은 인류의 역사와 기원을 같이하는 유서 깊은 분야이기 때문이다. 매일 점심과 저녁 메뉴를 고민해본 적 있다면 인간에게 식사가 얼마나 지난한 일인지, 그래서 맛있게 먹는 것은 얼마나 중요한 일인지 당신도 잘 알 것이다. 힉스입자나 생명의 기원 같은 주제에 비하면 사소하고 세속적으로 보이지만, 식품 연구는 우리의 삶에 직접적으로 영향을 미친다는 점에서 너무나 중요하다. 음식은 미각과 즐거움의 문제이기도 하지만, 그전에 생존의 문제이기 때문이다. 수많은 과학자들 또한 입에 들어가는 것이라면 무엇이든 더 맛있게 먹을 방법을 연구했다. 재밌는 점은, 식품을 둘러싼 최근의 연구들이 예전이라면 미처 생각하지 못한 분야에서도 진행된다는 사실이다. 그중 하나가 심리학이다. 응? 심리학이라니, 뭐 초코바에게 심리 상담이라도 해주는 거냐고? 2008년 이그노벨 영양학상을 받은 영국 옥스퍼드대학교 찰스 스펜스Charles Spence 교수에게 직접 물어보자.

"저는 감각에 관심이 많은 실험심리학자입니다. 특히 새롭게 떠오르는 감각 과학Sensory Science을 일상에 적용하는 데 관심이 많죠."

실험심리학자로 옥스퍼드대학교 '통합감각연구소Crossmodal Research Laboratory'를 운영하고 있는 스펜스 교수는 인간이 느끼는 감각과 세상 사이의 부조화를 찾아내는 데 전문가다. 인간의 감각기관은 보통은 잘 굴러가는 편이지만 가끔은 생각지 못한 방식으로 작동해 우리를 속이거나 혼란에 빠뜨리기도 한다. 특히 스펜스 교수의 명성을 드높여준 연구 분야는 '음식을 맛볼 때 우리의 여러 감각 경험이 어떤 영향을 미치는가'다. 대개 식사 경험에 영향을 미치는 감각으로 후각과 미각, 조금 더 넓히면 촉각(매운맛과 떫은맛) 정도를 떠올린다. 스펜스 교수는 이들 감각은 물론 다른 감각도 먹고 마시는 경험에 크게 영향을 미친다는 사실을 널리 알렸다. 그가 밝혀낸 식사에 개입하는 또 다른 감각은 '청각'으로, 그는 감자칩의 '바삭' 소리에 관한 연구로 이그노벨상을 거머쥐었다.

스펜스 교수가 "인생을 바꿔버렸다"고 표현한 이 연구는 다국적기업인 유니레버Unilever의 지원으로 이뤄졌다. "원래 통합감각 연구소는 유니레버로부터 감각 탐구를 위한 연구비만 지원받았어요. 그러다 회사의 문제를 해결하는 데 도움을 달라는 요청을 받은 거죠." 빨래한 의류에서 나는 바스락거리는 소리가 세탁물의 촉감을 느낄 때도 영향을 미칠까? (연구팀은 레몬이나 라벤더 향을 더하면 직물이 더 부드럽게 느껴진다는 사실을 발견했다.) 보기 좋고 냄새도 좋지만 맛은 형편없는 과일차를 어떻게 개선할 수 있을까? ("쉬웠어요. 그냥 설탕만 넣으면 되더라고요.") 직물의 촉각에 후각이 영향을 미친 것처럼, 여러 감각이 뒤섞인 사례를 연구하다 보니 갑자기 감자칩에 관한 아이디어가 불현듯 떠올랐다 "혹시 '바삭' 소리도 감자칩의 맛에 영향을 미치진 않을까?"

실험은 이렇다. 먼저 스펜스 교수는 20명의 실험 참가자와 함께 프링글스 180통을 가지고 왔다. 진짜 감자를 잘라서 만드는 여느 감자칩과 달리, 반죽을 조리해서 만드는 프링글스는 모든 칩의 크기와 모양이 같아서 연구에 이상적이었다. 다음으로 참가자의 손에 프링글스 감자칩을 쥐여주고 귀에는 헤드폰을 씌운 뒤에 조용한 곳에 가두었다. 참가자가 프링글스를 입에 넣고 씹기 시작하면 설치된 마이크가 '바삭' 소리를 그대로 참가자의 헤드폰에 들려주었다. 이때, 실험 참가자들은 감자칩을 삼키지 않고 다시 뱉어내야 했다. 배가 부르면 실험 결과에 영향을 줄 수 있기 때문이었다(이런 악마 같은 실험이 있다니). 연구자들은 헤드폰에서 나는 바삭 소리의 크기를 더 키우기도 하고 줄이기도 하면서, 참가자들이 소리에 따라 감

자칩의 맛을 어떻게 평가하는지 알아보았다. 그 결과, 감자칩 씹는 소리를 더 크게 들은 참가자들은 다른 참가자들에 비해 평균 15퍼센트 정도 더 감자칩이 바삭거리고 신선하다고 답했다. 같은 감자칩인데!

'소리 칩sonic chip'이란 이름으로 유명해진 스펜스 교수의 감자칩 연구는 실험 참가자들이 퍽 진지한 얼굴로 헤드폰을 끼고 감자칩을 씹는 모습으로 이그노벨상 위원회에 깊은 인상을 남겼다. 그러나 더 중요한 의미는 인간이 느끼는 '맛'의 본질이 미각이나 후각에 국한되지 않음을 보여줬다는 점이다. 미각(짭짤함, 기름의 맛)과 후각(고소한 감자칩 냄새)은 물론, 촉각(치아와 혀끝에 닿는 거칠한 느낌)과 청각(바삭!)까지 적절하게 조화를 이루어 합쳐질 때 최고의 감자칩 '맛 경험'이 탄생한다.

스펜스 교수는 내게 이런 질문을 던졌다. "당신 앞에 바삭한 감자칩과 눅눅한 감자칩이 놓여 있다고 상상해보세요. 무엇을 고를 건가요? (당연히 바삭한 감자칩이다.) 둘은 맛, 향, 기름기, 영양분 함량까지 똑같습니다. 딱 하나의 차이는 바삭거리는 소리예요. 소리에는 영양가가 없는데 왜 사람들은 바삭거리는 감자칩에 끌릴까요?" 그렇다. 바삭함이라는 성질은 실제 영양가와는 상관없지만 분명히 사람들을 유혹하는 질감이다. 그 이유를 풀기는 쉽지 않다. 진화심리학자들의 유명한 견해 중 하나는 우리가 사바나에서 살던 고인류 시절, 단백질이 풍부한 멋진 먹이인 곤충의 식감이 튀김과 비슷했다는 것이다 (!). 곤충의 식감에 끌린 인류가 진화의 소용돌이 속에서 살아남아 현재도 여전히 튀김의 식감에 끌리고 있다는 의미다. (그리고 여러 곤충 요리를 먹어본 입장에서 말하건대, 곤충 요리는 튀김처럼 상당히 바삭하고 맛있다!)

스펜스 교수가 감자칩 실험에서 중요하다고 느낀 부분은 바삭함에 매력을 느끼는 진화적 이유보다는, 바삭한 소리가 삶의 경험 전반을 바꿀 수도 있다는 통찰이었다. 그가 보기에 감자칩의 바삭한 소리는 '감각 통합'의 멋진 예였다. "한 감각 영역에서 일어나는 일이 다른 감각 영역의 경험에 영향을 미친다는 뜻이죠." 그렇다면 감각 통합을 적절하게만 응용한다면, 우리의 식사는 물론 다른 분야에서의 경험도 색다르게 바꿀 수 있을지 모른다.

감각 과부하 시대, 우리는 감각의 주체성을 찾을 수 있을까

찰스 스펜스 교수는 감자칩 연구로 미식학의 새로운 장을 열었다. 통합감각연구소는 전 세계의 유명 레스토랑을 비롯해 여러 식품회사와 공동 연구를 진행하며, 감각이 식사 경험에 미치는 수많은 새로운 사실을 밝혀냈다. 분홍색 음료가 녹색

음료에 비해 훨씬 달게 느껴진다는 시각 연구는 어떤가? 초콜릿의 모서리를 둥글게 만들면 각지게 만들었을 때보다 더 달게 느껴진다는 결과는? 심지어 당신이 들고 있는 숟가락과 포크, 젓가락의 무게가 더 무거우면 식사를 더 맛있게 느낀다는 촉각 연구도 있다(배달 음식을 시켜 먹어도 숟가락, 젓가락은 일회용 대신 집에 있는 식기를 쓰는 편이 낫다는 게 이 연구가 전해주는 통찰이다). 다들 이그노벨 영양학상을 받아도 이상하지 않을 법한 내용들이다. 이 신선한 연구들에 자극받아 식음료계도 움직이기 시작했다. 미국 과자회사 프리토레이Frito-Lay는 과자 포장지의 바스락거리는 소리가 클수록 소비자가 과자를 더 바삭하게 느낀다는 연구에 힘입어 썬칩의 포장재를 100데시벨까지 바스락거리는 새 재질로 교체했다(하지만 너무 시끄러웠던 탓에 결국 새 포장재를 다시 수거해야만 했다).

    우리 삶에 직접적인 도움을 주는 내용은 없을까. 2018년 스펜스 교수는 반원 모양의 그릇에 음식을 담은 뒤 거울에 비춰 음식 섭취량을 조절할 수 있다는 논문을 발표했다. 거울에 음식이 비치면서 양이 두 배인 것처럼 보이기 때문에, 더 적게 먹고도 더 배부를 수 있다. 식사 시간에 쓸 거울을 구하는 일이 거추장스럽긴 하겠지만 시각 트릭으로 뇌를 속이는 방법이다. 물론, 그 반대의 경우도 있을 수 있다. '먹방'이 그것이다. 함께 먹는 기분으로 먹방을 시청하면서 식사를 하면 평소보다 더 많은 양을 먹게 된다(물론 식욕이 필요한 환자에게는 먹방도 도움이 되는 방향으로 활용될 수 있다).

이 두 사례는 우리의 감각이 생각보다 속이기 쉽다는 사실을 보여준다. 사람들은 시끄러운 노래를 틀어놓은 헬스장에서 더 열심히 운동하고, 좋은 냄새가 나는 가게에서 더 많은 물건을 산다. 마찬가지로 나는 아침에 일어나자마자 인스타그램에서 본 타코와 라멘 광고를 보고 무의식적으로 점심과 저녁 메뉴를 정한다. 현대인은 과학자들과 마케터들이 예리하게 갈고닦은 감각 전략으로 만들어진 광고에 무방비로 노출되어 있다. 스펜스 교수가 요즘 걱정하는 부분도 현대인의 감각 과부하다. 자본의 힘으로 형성된 감각 환경 때문에 우리의 점심 메뉴가 바뀌고 필요 없는 물건을 사는 상황이 벌어지고 있다는 우려다.

인터뷰를 진행하면서, 나는 결국 이 문제의 핵심은 '누가 세상을 감각하는 주도권을 가지느냐'라고 느꼈다. 사방에서 쏟아져 들어오는 자극적인 감각 과부하의 시대에 살아남기 위해서는 감각의 주체성을 찾는 일이 중요하다. 스펜스 교수의 연구들은 감각이 작동하는 예상치 못한 방식을 알려주어 감각과학의 신기원을 개척했을 뿐만 아니라, 감각이 생각보다 속이기도 쉽다는 것, 그래서 자신의 감각에 관해 잘 알고 있어야 외부의 유혹에 속지 않고 더 나은 '감각적인 삶'을 살 수 있다는 걸 보여줬다.

"감자칩 연구의 공동 저자이자 당시 제 지도 학생이었던 마시밀리아노 잠피니Massimiliano Zampini는 이그노벨상을 받게 되면, 그 후로 아무도 자신의 연구를 진지하게 받아들이지 않을까 봐 두려워했어요. 거의 20년이 지난 지금은 수상을 기쁘게 생각하지요. 저는 두 번째 이그노벨상을 위해 노력하고 있지만 아직 운이 따라주질 않네요." 인터뷰 말미, 스펜스 교수는 20년이 다 되어가는 자신의 연구를 이렇게 회상했다. 감자칩 소리에 관한 연구가 이렇게 많은 인기를 끌지는, 그리고 식음료계를 넘어 현대인의 감각 환경에 관해 이렇게 많은 통찰을 가져다줄지는 20년 전의 그도 예상하지 못했다. 자, 지금까지 많은 이야기를 들었으니, 식탁 앞으로 돌아와서 마지막 질문을 던지자. "그래서 감자칩을 가장 맛있게 먹을 수 있는 방법은 무엇인가요?" 그러자 찰스 스펜스 교수는 자신의 연구에 기반해 과학적인, 그러나 식사 매너와는 동떨어진 대답을 해줬다.

"입을 벌리고 칩을 씹어보세요. 공기로 전달되는 바삭한 소리를 더 크게 만들어서 감자칩이 더 맛있게 느껴지도록 해 줄 겁니다."

3

벌에 어느 부위를 쏘이면
가장 아플까?

남미 아마존의 습한 정글, 카메라가 건장한 체격의 두 백인 남자를 비춘다. 각각 야생 생물학자와 동물 조련사인 두 사람이 나무둥치 밑의 흙을 뒤적이며 찾는 대상은 '총알개미*Paraponera clavata*'. 우글거리며 몰려오는 커다란 검은 개미가 클로즈업되고 두 남자가 핀셋으로 개미를 집어 사육통에 담기 시작하자, 배경음악은 불안한 분위기를 조성한다(마치 침입자가 사람이 아니고 개미인 것처럼). 화면이 바뀐다. 생물학자가 잔뜩 긴장한 얼굴로 왼쪽 팔뚝의 소매를 걷어 올린다. 그러자 동물 조련사가 총알개미 한 마리를 집어 생물학자의 탄탄한 팔뚝에 가져다댄다. 설마? 화면을 보던 내 동공이 커지고, 이윽고 개미가 그의 팔뚝을 쏜다. 일그러지는 표정, 격한 헐떡임, 삐- 처리되는 욕설. "점점 더 아파! 찔려서 아픈 게 아니라 뼈가 부러졌을 때처럼 아파!" 이제야 상황이 명확해진다. 두 남자는 총알개미에게 일부러 쏘이는 실험을 하고 있는 것이다. 고통을 버티다 못한 생물학자는 왼팔을 앞으로 뻗은 채로 이리저리 방향 없이 걷기 시작한다. 총알개미가 팔뚝을 쏘는 클로즈업 화면 옆으로 자막이 나온다.

> 브라질 마웨Mawé 부족 소년은 성인식 때 수많은 총알개미의 공격을 견딘다.

도대체 나는 뭘 보고 있는가. 남성성 자랑에 여념이 없는 차력 진기명기인가, 아니면 자극적인 고통으로 보는 사람의 얼굴을 찌푸리게 만드는 사디스트적 TV 쇼인가? 아마도 둘 모두의 흔적이 섞여 있겠지만, 다른 TV 쇼와의 차이점이라면 이것이 과학의 이름으로 진행되는 프로그램이라는 사실이다. 미국의 다큐멘터리 전문 방송인 '히스토리 채널'은 2019년 11월, 신작 다큐멘터리 시리즈 〈킹 오브 페인Kings of Pain〉을 방영했다. 야생 생물학자 애덤 손과 모험가이자 동물 조련사인 롭 알레바가 출연하는 이 다큐의 목표는 세상에서 고통스럽기로 소문난 독을 가진 동물들의 독을 직접 체험해보는 것. 두 남자는 남아프리카공화국부터 인도네시아 발리에 이르기까지 세계 구석구석을 돌아다니며 다양한 동물을 직접 채집하고, 쏘여보고, 물려본다. 그 후 본인들이 느낀 고통을 소믈리에처럼 강도,

지속력, 위험도 등으로 나눠 평가한다.

여기에 도대체 무슨 과학적 의미가 있느냐고? 새로운 과학적 사실보다는 비명을 지르며 바닥을 굴러다니는 두 남자만 강조하는 화면에서는 잘 드러나지 않지만, 이 TV 쇼의 배경에는 실제로 다양한 곤충에 직접 쏘여가며 고통의 정도를 비교한 과학 연구가 존재했다. 그 연구를 이끈 과학의 순교자는 살신성인의 업적을 인정받아 2015년 이그노벨 생리학상과 곤충학상의 자리에 시성諡聖됐다. 그는 "독침의 왕King of Sting"이라고 불리는 미국의 곤충학자 저스틴 슈미트Justin O. Schmidt다.

독침의 왕, 곤충에 쏘인 통증을 정리하다

"잘난 체하지 않고 남모르게 찾아오는 통증. 화려한 색색의 레고처럼 멋지다. 어둠 속에서 발바닥에 박히기 전까지는."
— 붉은황소개미(2단계)•

마치 곤충을 주제로 한 하이쿠나, 음유시인이라는 별명을 가진 싱어송라이터 레너드 코언의 가사처럼 보이는 이 문장은 저스틴 슈미트가 붉은황소개미*Myrmecia gulosa*에게 쏘인 후 남긴 기록이다. 벌과 개미를 비롯한 '쏘는 곤충'을 주로 연구한 곤충학자 중에서도 슈미트가 특히 유명세를 얻게 된 계기는, 그의 주요 연구 주제가 침 쏘는 곤충이 주는 통증 그 자체였기 때문이다.

벌에 한 번이라도 쏘여본 적 있는가? 보통은 그 경험이 대자연에 대한 겸손을 가르쳐준 뼈아픈 기억으로 남아 있을 것이다. 나는 초등학교 6학년 때 길을 잃고 교실에 들어온 호박벌을 내쫓으려다 처음 벌에 쏘여봤다. 창문을 열어서 차분히 보내주면 될 것을, 굳이 잡아서 내보내겠다고 까불다가 손가

• 저스틴 슈미트, 《스팅, 자연의 따끔한 맛》, 정현창 옮김, 초사흘달, 2021, 375쪽

락에 침을 쏘였다. 아직도 그 고통이 생생하게 기억난다. 모기에게 피를 빨렸을 때의 간지러움, 개미에게 물렸을 때의 따가움과는 차원이 다른 고통이었다(그 경험 이후로 지금까지도 벌목 곤충은 매우 겸손한 태도로 대하고 있다).

그러나 나와는 달리, 슈미트에게는 어렸을 적 말벌에 쏘인 경험이 곤충학을 향한 새로운 열정과 호기심으로 가는 문을 열어주었다. 슈미트는 화학 전공으로 석사를 받은 후, 유년기 대자연을 돌아다니면서 체득한 곤충 사랑을 잊지 못하고 전공을 곤충학으로 틀었다. '쏘는 곤충과 그들이 가진 독의 진화적 의미'는 화학과 곤충학 모두에 발을 걸쳤던 슈미트에게 안성맞춤인, 평생을 매달릴 만한 연구 주제였다. 쏘였을 때의 통증을 비교하기 위해 슈미트는 평생 동안 1000번 넘게 직접 쏘여가며(!) 그 고통과 느낌을 기록했다. 그런 그의 별명이 '독침의 왕'인 것도 놀랄 일은 아니다.

슈미트에게 이그노벨상을 안겨준 업적은 1983년 발표한 연구에 등장한 '슈미트 독침 통증 지수Schmidt Sting Pain Index'다. 이 통증 지수는 곤충에게 쏘였을 때의 통증이 어느 정도인지 추측할 수 있도록 통증의 세기를 재는 척도다. 통증 지수는 양봉꿀벌Apis mellifera을 기준으로 시작된다. 꿀벌은 가장 접하기 쉬운(그래서 쏘이기도 쉬운) 쏘는 곤충인 데다, 쏘였을 때의 아픔이 다른 중요한 비교군인 말벌과 개미의 중간 정도라 적절한 기준이 된다고 봤기 때문이다. 슈미트는 양봉꿀벌에 쏘였을 때의 고통을 '통증 지수 2'로 정의하고, 이보다 덜 아프면 1단계, 더 아프면 3단계로 분류했다. 고통의 최고봉, 평생 잊지 못할 트라우마로 남을 만한 독침에는 영광의 4단계가 주어졌다. 통증 지수가 0단계인 곤충들도 있었는데, 독침이 사람의 두꺼운 피부를 뚫지 못해 인간에게 통증과 겸손한 태도를 가르쳐주지 못하는 경우다.

이 척도를 통해 처음 통증 지수가 분류된 곤충은 21종이었다. 이후로 슈미트와 곤충학자 동료들이 전 세계를 탐험하면서 새로운 곤충에게 물리는 일이 반복되며 통증 지수는 점점 확장됐다. 대개 일부러 쏘이는 일은 드물었다. 정글을 탐험하다 재수 없게 벌이나 개미에게 쏘이면, 곤충학자들은 한바탕 욕을 내지르고는 통증을 평가해 통증 지수를 산출했다. 만약 정말로 통증의 정도를 알아야 하는 경우가 생기면, 어쩔 수 없이 고의로 쏘이기도 했다. 오랜 탐사의 결과 슈미트는 곤충 총 83종의 통증 지수를 정리했으며, 다른 불운한 동료들도 이 통증 지수의 목록을 늘리는 데 기여했다. 이들의 헌신으로 총 150종에 달하는 곤충이 슈미트 독침 통증 지수 목록에 추가되었다.

통증 지수에서 나아가, 슈미트는 자신이 경험한 통증이 어떤 느낌이었는지 구체적인 기록을 남겼다. 아마도 수치로는 묘사되지 않는 증세를 자세하게 나타내기 위해서였겠지만, 아포리즘 문학의 영역에 도달한 '고통의 문장'을 하나씩 읽다 보면 그의 열정이 어느 정도였을지 자연스레 상상해보게 된다. 예를 들어 양봉꿀벌에 쏘였을 때의 고통에 관해 그는 자신의 책《스팅, 자연의 따끔한 맛》에서 "타는 듯하고 쓰라리지만, 감당할 만하다. 불붙은 성냥 머리 하나가 팔에 떨어졌다. 처음에는 잿물로, 그다음에는 황산으로 불을 끄는 느낌"이라고 표현했다. 더 사랑스럽고 매력적인 문장도 있다. "유쾌한 아픔. 사랑하는 연인이 귓불을 약간 세게 깨물었다."(흰얼굴벌 $Habropoda\ pallida$, 1단계) 한편 애덤 손이 "뼈가 부러진 것처럼 아프다"고 표현한, 평생 잊을 수 없는 고통을 안겨준 총알개미(4단계)에 물린 경험은 이렇게 표현했다. "순수하고, 강렬하며, 감탄할 만한 고통. 7센티미터가 넘는 긴 못이 발뒤꿈치에 박힌 채로 불타는 숯 위를 걷는 듯하다."

그러나 슈미트가 단순히 하이쿠나 짓는 괴상한 취미로 통증 지수를 만든 건 아니었다.

벌에 쏘인 고통을 객관화하기

꿀벌, 말벌과 개미를 포함하는, 쏘는 곤충은 중생대 백악기 전기에 해당하는 1억 3000만~1억 1000만여 년 전에 진화했다. 이들의 진화적 조상은 '잎벌'이다. 잎벌은 속이 빈 산란관을 이용해 식물 조직 내부에 알을 낳았는데, 이 산란관이 독침으로 진화했다. 알을 주입하던 부위가 먹이나 포식자의 몸에 독을 주입하는 부위가 된 것이다. 그러니 벌에 쏘인 고통은 소화기관인 모기의 주둥이에 빨리거나 개미의 턱에 물린 것과는 차원이 다를 수밖에 없다. 벌의 침은 음식을 섭취하거나 물건을 물어서 옮기기 위한 목적이 아닌, 애초에 적에게 독을 주입하는 무기로 진화한 기관이기 때문이다.

현재 전 세계에는 대략 개미 1만 5700종, 벌 2만 종, 말벌 800종이 서식하는 것으로 추산된다. 그만큼 독침의 종류도, 독도 다양하다. 가장 흔한 꿀벌 독침은 한번 인간의 피부에 박히면 빠지지 않는다. 꿀벌의 독침을 현미경으로 확대해보면 작은 갈고리 같은 미늘이 나 있어서, 박히면 빠지지 않도록 잡는 역할을 한다. 이 미늘 독침을 매우 질긴 편인 인간의 피부에 찔렀다가 빼려고 힘을 주면 꿀벌의 내장이 쏟아지면서 죽음을 맞는다(끔찍하게도 말벌의 독침은 여러 번 쏠 수 있는 데다가 그 거대한 크기에 걸맞게 주입하는 독도 훨씬 많다).

쏘는 곤충들이 지닌 독의 차이야말로 슈미트에게는 끝없는 탐구의 대상이었다. 과학 분야에서 독은 대개 의학이나 약리학의 관점에서 연구됐다. 즉, 독을 해독하고 환자를 치료하기 위해서는 어떻게 해야 하는지, 혹은 독을 약품으로 쓸 수 있을 가능성은 없는지에 초점을 맞췄다는 뜻이다. 반면 슈미트는 곤충의 진화에서 독이 어떤 역할을 했을지 궁금해했다. 이를 알아보려면 침과 독의 두 가지 기본 성질인 '독성'과 '통증'을 분석해야 했다.

우선 중요한 점은, 사람들이 보통 대충 비슷하다고 여기는 두 성질이 완전히 별개라는 사실이다. '독성'은 어떤 화학물질이 생물에 손상을 끼치는 능력이며, '통증'은 생물이 느끼는 고통을 의미한다. 그다지 고통스럽지 않아도 한 사람을 몽롱한 상태에서 죽일 수도 있는 강한 독성을 가진 독이 있는 반면, 불에 닿은 듯 통증은 굉장하지만 조직이 크게 상하지는 않는 독성이 약한 독도 있을 수 있다. 그렇다면 독의 이 두 성질을 어떻게 분석할까.

독성을 평가하는 방법과 기준은 화학과 생물학 분야에서 오랫동안 연구됐다. 잘 알려진 수치 중 하나는 '반수 치사량$_{\text{Median Lethal Dose, LD50}}$'이다. 독에 노출된 동물의 절반을 죽음에 이르게 하는 화학물질의 양을 기준 체중으로 나눠서 표시하는 방법이다. 예를 들어 청산가리의 반수 치사량은 1킬로그램당 1밀리그램으로, 64킬로그램인 내가 64밀리그램의 청산가리, 즉 0.064그램을 섭취하면 통계적으로 죽을 확률이 절반에 달한다는 뜻이다. 이에 비해 카페인의 반수 치사량은 1킬로그램당 250밀리그램, 물의 반수 치사량은 1킬로그램당 90그램 정도다(즉 카페인 16그램을 섭취하거나 물 약 5.8리터를 한번에 마시면 내가 50퍼센트의 확률로 죽을 수도 있다는 말이다). 즉 반수 치사량은 서로 다른 독의 강약을 비교할 수 있다는 과학적 이점이 있었고, 이를 통해 무엇이 더 강한 독인지 정량적으로 비교하기 쉬웠다. 다시 말해 독성 연구에서는 과학을 떠받드는 매우 중요한 기반인 '측정'과 '정량화'를 반수 치사량 측정과 같은 방법을 통해 어렵지 않게 진행할 수 있었다.

이에 비해 통증은 훨씬 측정하기 힘든 성질이었다. 우선 통증의 측정에는 죽음과 같은 명확한 기준이 없어서 반수 치사량처럼 이해하기 쉬운 수치를 만들기 힘들었다. 사람마다 느끼는 고통의 정도에도 차이가 커서 객관적인 의견을 도출하기도 힘들었다.(저 자식이 그리 아프지 않다고 해서 나도 쏘였는데, 거의 기절할 뻔했지 뭡니까!) 어쩌면 여러분은 병원에서 "지금 느끼는 통증을 0부터 10 사이의 숫자로 얘기해보세요"라는 말을 들어봤을지도 모른다. 이것이 의학계에서 널리 쓰이는 통증 척도인 '수치 평가 척도Numerical Rating Scale, NRS'인데, 이 척도 또한 객관적 통증 정도를 알긴 힘들기 때문에 치료를 진행하며 환자의 통증 호전 정도를 확인하는 데 쓰이곤 한다. 또한 통증에는 강약만 있는 것이 아니란 사실이 상황을 더 복잡하게 만들었다. 독의 성분에 따라서 쏘일 때는 매우 따끔하지만 몇 시간 만에 사라지는 통증이 있는가 하면, 며칠씩이나 은은하게 오래가는 통증도 있다. 삶과 죽음의 이분법 세계를 측정하면 되는 독성과는 다르게, 통증은 다양한 스펙트럼으로 펼쳐져 평가를 더욱 어렵게 만들었다.

슈미트 독침 통증 지수는 그 무엇보다 개인적인 경험인 감각을 객관화시켜야 하는 과학의 역설적인 상황을 잘 보여준다. 통증은 인간의 '주관적인' 감각 경험이 수반될 수밖에 없다. 그럼에도 불구하고 과학자들이 통증을 연구하기 위해서는 그 감각을 어느 정도 공유할 수 있을 정도로 '객관적인' 통증 언어가 필요했다. 곤충에 쏘였을 때의 통증 기준을 찾고 분류하는 작업은 슈미트의 연구에 꼭 필요한 일이었지만 "아야!", "살짝 아파"와 같은 반사적인 신음은 그다지 유용하지 않다. "흰꼬마개미벌Dasymutilla thetis은 1단계니 그리 걱정하시지 않아도 됩니다"나 "총알개미가 있다고요? 통증 지수가 4단계니 반경 5미터 안으로 접근하려면 단단히 각오해야 할 겁니다"처럼, 특정한 양으로 측정되어야 과학자들끼리 자료를 비교해가며 연구할 수 있기 때문이다. 완벽히 정확하지는 않지만 최대한 도움이 될 만한 규범을 만들어 연구자들의 소통이 더욱 잘 이뤄지도록 하는 것, 이것이 슈미트가 의학계에서 쓰이는 통증 평가 척도와 유사한 통증 지수를 곤충학계에 도입한 이유였다.

독침의 존재 이유, 겁주기 vs 죽여버리기

슈미트 독침 통증 지수의 발명은 독침을 연구하는 곤충학자들이 범용적으로 쓸 수 있는 새로운 언어가 개발된 것과도 같았다. 나아가 슈미트는 통증 지수가 독침을 지닌 곤충들의 다양한 행동적·생태적 특성을 예측할 수 있게 해주리라 기대했다. "…곤충의 생김새와 행동, 생애사를 근거로 독침의 통증 지수를 예측하는 것은 물론, 통증 지수를 근거로 해당 곤충의 생활 방식을 예측해볼 수도 있다." 슈미트의 설명이다.

예를 들어 눈에 띄는 화려한 빨간색과 검은색으로 치장한 소잡이벌 Dasymutilla occidentalis은 적어도 2단계 이상의 통증을 일으키리라 추측할 수 있다. 그 정도의 독을 가지고 있지 않는 한, 그토록 강렬한 경고색을 뽐내며 날아다니지는 않을 것이기 때문이다(실제로 슈미트는 소잡이벌 침의 통증 지수를 "절대로 잊을 수 없는 3단계"로 기록했다). 나아가서는 이 화려함이 그저 패션이 아니라 다른 잠재적 경쟁자와 포식자에게 보내는 경계성 메시지(경계색)라고 추측할 수도 있다. '이 붉은색, 무슨 뜻인지 알지? 나도 너한테 독침 쏴서 힘 뺄 생각 없으니 서로 가던 길 가자고.'

통증 지수를 통해 이전까지 보이지 않던 독침의 새로운 면면 또한 드러났다. 그중 하나가 독성과 통증이 실제로 꼭 상관관계를 가지진 않는다는 관찰이었다. 통증이 강할수록 독성도 강할 것이라는 통념과 다르게, 반수 치사량의 수치와 통증 지수를 비교하니 그런 연관성은 드러나지 않았다. 쏘였을 때 매우 아프지만 하룻밤 자고 일어나면 멀쩡해지는 독이 있는가 하면, 별 통증은 일으키지 않지만 독성은 강해서 쏘인 동물에게 영구적 장애를 남기는 독도 있었다.

왜 통증과 독성은 다르게 진화했을까? 슈미트는 독침의 통증과 독성을 사회적 곤충의 진화 과정에서 서로 다른 시기에 나타난 특성으로 보았다. 곤충에게 있어 강한 독을 만드는 것이 쉬운 일은 아니다. 특별한 독성 물질을 만드는 생화학적 합성 경로를 진화시키고 독을 만들려면, 그만큼 먹이 찾기나 짝짓기 등 다른 곳에 쓸 자원을 투자해야 한다. 그런데 잎벌을 비롯한 진화 초기의 벌은 단독생활을 하는 경우가 많았다. 이들은 적당한 수의 알을 낳고 살았기 때문에 잃을 것도 적었고, 포식자를 쫓아낼 만한 적당한 정도의 통증을 주는 독만 가지고 있으면 됐다.

이후 단독생활을 하는 벌이 꿀벌, 말벌, 개미 같은 사회적 곤충으로 진화하면서, 잃으면 안 될 자산이 늘어났다. 사회적 곤충은 보호가 필요한 알과 애벌레를 모아서 기르는 경우가 많았다. 포식자 입장에서 알과 애벌레가 가득 담긴 사회적 곤충의 둥지는 독침 몇 방을 감내할 만한 진수성찬과 다름없었고, 둥지를 보호하려면 더 강한 독이 필요했다. 슈미트는 이 시기에 독침의 독성이 진화하지 않았을까 추론했다. 귀중한 자산이 많아진 둥지를 더 철통같이 보호하기 위해 따끔한 감각으로 겁만 주는 통증이 아니라, 진짜로 포식자의 목숨을 뺏을 수도 있는 독을 개발했다는 가설이다. 특히나 독침의 독성은 주로 둥지를 공격하는 작은 척추동물 포식자에게 치명적이었을지도 모른다. 슈미트는 이 진화 과정을 독침의 진화를 다루는 논문에서 다음과 같이 빗대기도 했다. "여기서 독의 두 번째 속성인 '피해와 치명성'이 중요해진다. 쏘이는 고통이 '광고'라면, 독이 가하는 피해와 치명성은 광고를 정직하게 만들어주는 '광고의 진실'이다."

벌에 쏘이면 가장 아픈 부위는 OO다

역대 이그노벨상 수상 목록을 보다 보면, 상의 한 자리는 잊힐 뻔한 과학의 순교자들을 위해 바쳐진 게 아닐까 하는 생각이 든다. 슈미트를 비롯한 이들은 살신성인의 자세로 직접 자신의 감각을 희생하며 연구한 사람들이다. 예를 들어 캐나다 델하우지대학교의 리처드 와서서그Richard Wassersug 교수는 올챙이를 맛본(!) 대가로 2000년 이그노벨 생물학상을 받았다. 그는 1971년 발표한 〈코스타리카의 건기 올챙이 일부 종의 맛 비교에 관하여On the Comparative Palatability of Some Dry-Season Tadpoles from Costa

Rica〉라는 논문에서 살아 있는 올챙이 8종을 맛보고 비교했다.˙ 위장색처럼 별다른 보호 전략이 없는 올챙이일수록 포식자로부터 살아남기 위해 맛이 없는 방향으로 진화했으리란 가설을 증명하기 위해서였다. 지금 같으면 연구의 윤리적 측면을 평가하는 생명윤리위원회IRB의 심사도 통과하지 못했을 연구다.

독침 통증 지수 연구의 직계 후배라 할 만한 연구는 2014년, 당시 코넬대학교에서 꿀벌을 연구하던 대학원생 마이클 L. 스미스Michael L. Smith에게서 나왔다. 그의 연구는 슈미트 독침 통증 지수의 한계를 다른 방식으로 확장했다. 즉 여러 종의 곤충이 아니라 한 종의 곤충에게 여러 부위를 쏘이며 통증을 비교한 것이다. 슈미트 독침 통증 지수의 한계 중 하나는 통증의 정도가 쏘인 신체 부위에 따라 어떻게 달라지느냐를 나타낼 수 없다는 점이었다. 똑같은 벌에게 쏘여도 통각을 느끼는 통각 수용기가 집중된 예민한 부위와 그렇지 않은 부위의 고통은 다르지 않겠는가. 이에 스미스는 쏘이는 부위에 따라 통증에 얼마나 큰 차이가 있을지 알아보기로 했다. 방법은 당연히 직접 벌침에 쏘이며 통증을 기록하는 것이었다.

이번에도 통증 지수의 기준인 양봉꿀벌이 실험 대상으로

˙ 와서서그 교수는 논문에 "기꺼이 함께 살아 있는 올챙이를 맛본 학생과 연구팀에게 감사한다"고 밝혔다. 당연히 그래야지.

선택되었다. 스미스는 먼저 벌에 쏘일 신체 부위 25군데를 골랐다. 팔, 머리, 엉덩이, 손목, 허벅지 앞쪽처럼 쏘여도 그다지 아프지 않을 것 같은 부위는 물론 가운뎃손가락 끝, 볼, 손바닥, 윗입술처럼 듣기만 해도 고통이 느껴지는 부위도 골랐다. 심지어는 성기(!)와 음낭(!!)도 선택됐다. 그는 6주 동안 한 부위에 세 번씩, 총 75번 벌침에 쏘였고, 당시 겪은 통증은 1~10 사이의 숫자로 기록했다. 주변에서 이 실험을 얼마나 말렸을지 모르겠지만, 스미스는 논문에 "이 연구는 헬싱키 선언*을 위배하지 않으며, 본인은 실험과 관련된 모든 위험을 알고 동의했다"고 못 박았다.

혹시 어디가 가장 아팠을지 예상이 가는가. 75번을 쏘여본 결과, 9.0으로 기록된 콧구멍이 가장 아픈 부위라는 영예를 차지했고 윗입술과 성기가 그 뒤를 이었다(혹시 궁금할까 봐 알려드리는데 그다음으로 아픈 부위는 음낭이었다). 아프지 않은 부위는 머리와 가운뎃발가락, 팔뚝순이었다.

논문 심사자들은 벌침에 쏘여본 실험자가 한 명밖에 없어서 연구 내용을 일반화하기 쉽지 않다는 한계가 있지만, 그럼에도 이 연구가 "전반적으로 흥미로운 연구"이며 "일반 곤충학

• 1964년 핀란드 헬싱키에서 채택된 의료 연구윤리 선언으로, 인간을 대상으로 하는 생명의료 연구에 관한 강령을 담고 있다.

2015년 생리학·곤충학상

꿀벌에 쏘였을 때 신체 부위에 따른 고통

수상자 마이클 L. 스미스

연구 내용 그림에 붉은 엑스 자로 표시된 신체 부위 25군데를 세 번씩, 직접 벌에 쏘이고 고통의 정도를 측정했다. 가장 아픈 부위는 콧구멍, 윗입술, 성기였고 가장 덜 아픈 부위는 머리, 가운뎃발가락, 팔뚝이었다.

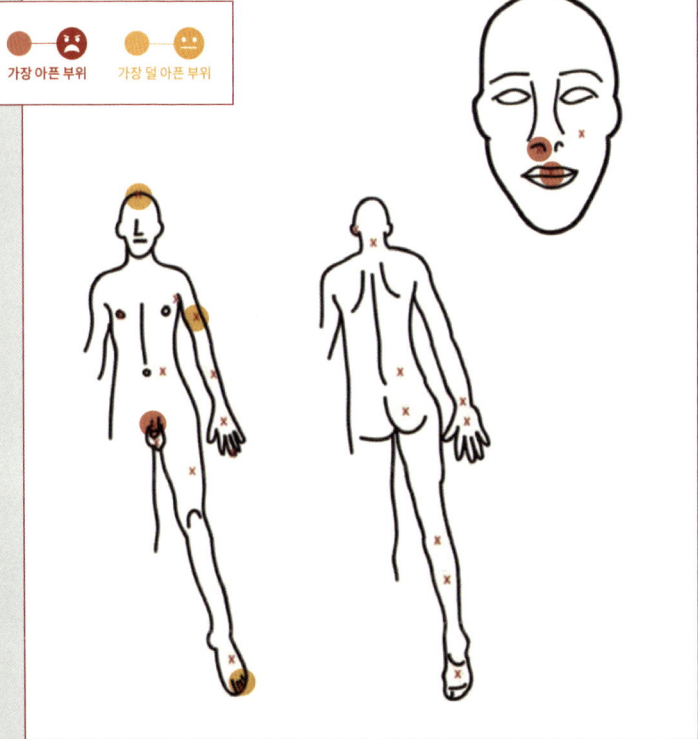

수업에서 고전적으로 인용되는 연구가 될 것"이라고 평가했다 (곤충학 수업 시간에 교수가 "절대로 인중 주변이나 거시기에는 벌침을 허락하면 안 된다"고 목청을 높이는 모습이 상상되지 않는가). 그리고 성기에 직접 벌침을 놓을 정도의 용기를 이그노벨상 위원회가 놓칠 리도 없다. 스미스는 업계 대선배인 슈미트와 공동으로 2015년 이그노벨 생리학상과 곤충학상을 수상하는 영광을 안았다.

또 다른 동물학 후배들은 통증 지수를 곤충학 바깥으로 확장하려 시도했다. 앞서 소개한 히스토리 채널의 다큐멘터리 〈킹 오브 페인〉에 참여한 애덤 손과 롭 알레바가 그 인물들이다. 그들은 수확개미와 망나니쌍살벌 같은 독침을 쏘는 곤충은 물론, 쏠배감펭, 불성게, 왕지네, 그물무늬비단뱀에 이르는 무시무시한 동물들의 독도 실험했다. 이들은 이렇게 모인 데이터를 추후 연구로 출판할 의도도 있다고 밝혔다. 이것이 선정적인 TV 쇼를 방어하기 위한 립서비스인지, 진짜인지는 앞으로 더 두고 봐야 할 필요가 있겠지만 말이다.

"쏘이는 걸 원하지 않지만, 데이터는 원한다"

"고문이다. 화산에서 쏟아져 나오는 용암 속에 꽁꽁 묶여 있다.

아, 내가 어쩌다 이 목록을 만들기 시작했을까?"

— 전사말벌(4단계)*

슈미트가 중앙아메리카와 남아메리카에 사는 전사말벌 Synoeca septentrionalis에 쏘여 고통에 몸서리친 후 남긴 기록이다. 그의 기록들을 읽으면서, 나는 다시금 슈미트에 관한 가장 중요한 질문을 떠올리게 된다. 그는 왜 이렇게까지 자신을 통증에 노출시켜가며 이런 목록을 만들었을까?

그는 연구를 지속하던 당시에도 괴짜 취급을 받았다. 같은 분야의 몇몇 연구자들이 그랬고, 그를 흥밋거리 정도로 다루는 언론들이 그랬다. 실은 독침이 가져다주는 통증을 즐기는 것 아니냐는 무례한 질문도 나왔다. 슈미트와 함께 60종 이상의 벌목 곤충에 쏘여가며 통증 지수 체계를 만드는 데 큰 도움을 준 동료 크리스토퍼 스타Christopher Starr는 논문에서 이를 "말도 안 되는 소리"라 일축했다. "그는 의도적으로 쏘이는 경우는 거의 없었고, 설사 일부러 쏘이는 경우에도 얼마나 아픈지 알아낼 다른 방법이 없을 때만 그렇게 했습니다. 그것은 모두 과학을 위한 것이었지만, 물론 우연히 쏘였을 때 그는 그것

* 저스틴 슈미트, 《스팅, 자연의 따끔한 맛》, 정현창 옮김, 초사흘달, 2021, 381쪽

을 낭비하지 않고 그 효과를 주의 깊게 기록했습니다." 슈미트 또한 수많은 인터뷰와 글을 통해 직접 이 질문에 대답하기도 했다. "쏘이는 걸 원하지 않지만, 데이터는 원한다고." 통증을 견디며 쏘인 이유는 오직 호기심과 과학을 향한 열정 때문이었다.

그럼에도 여전히 슈미트의 통증 지수는 이상하거나 우스꽝스러워 보일 수 있다. 그렇다면 우리는 자신의 감각을 직접 사용한 과학자들의 목록을 슈미트와 이그노벨상을 받은 선후배들보다 더 오래된 과거로 넓혀볼 필요가 있을지도 모른다. 지금의 시각에서는 웃기거나 이상해 보일지 몰라도, 인간의 직접 감각을 활용해야만 연구가 가능한 시대가 몇백 년 전만 해도 분명히 있었기 때문이다. 그중 가장 유명한 사람은 1786년, 43세의 나이로 요절한 스웨덴의 화학자인 칼 빌헬름 셸레Carl Wilhelm Scheele다. 셸레는 근대 화학의 창시자 중 한 사람으로 수많은 원소와 화합물을 발견했다. 염소(Cl)를 최초로 발견했고 조지프 프리스틀리, 앙투안 라부아지에와 함께 산소를 최초로 발견하기도 했다. 그러나 셸레에게는 치명적인 연구 습관이 있었는데, 자신의 실험 재료를 항상 맛보고 기록했다는 것이다. 화학이 이제 막 근대적인 학문 분야로 떠오르기 시작하던 18세기만 하더라도, 서로 다른 수많은 화합물을 분석하는 방법이 부족했다. 셸레는 오감 중 하나인 미각을 동원했고, 수은과 납 화합물 같은 중금속은 물론 비소와 사이안화수소 같은 맹독성 물질까지 맛봤다. 그가 신장이 망가진 상태로 일찍 세상을 떠난 것은 이러한 실험 습관이 큰 영향을 미쳤으리라 과학사학자들은 추측한다.

최악의 업무 환경을 자랑했던 18세기 화학 실험실에 비하면, 현대 과학자들이 직접적인 감각을 쓸 일이 많이 줄어든 것은 상당히 다행스러운 일이다. 이제 천문학자들은 맨눈이나 허술한 망원경으로 하늘을 보는 대신 제임스웹 우주망원경으로 120억 광년 떨어진 우주를 자동으로 관측한다. 화학자들에게는 코와 혀 대신 화합물의 조성을 알려줄 질량분석기와 스펙트럼 분석기가 있다. 감각을 강화시키고 안전 또한 담보하는 첨단 관측 장비들의 등장으로, 과학은 훨씬 안전한 일이 됐다.

그럼에도 아직 많은 과학 분야가 직접 경험을 필요로 한다. 그 이유는 입자가속기나 우주망원경 같은 새로운 관찰 장비가 등장하지 않아서일 수도 있고, 연구 주제가 독침처럼 주관적 감각에 의존해야 하는 것이어서일 수도 있다. 아마존 깊숙한 정글에서 총알개미의 독침에 직접 쏘이는 일은, 시원한 에어컨이 나오는 연구실에서 컴퓨터로 엄청나게 비싼 우주망원경을 조종하는 일에 비하면 덜 첨단 과학 같고 덜 세련되어 보일 수도 있다. 하지만 이는 직접 감각을 통한 경험이라는 유서 깊은 과학 전통의 일부분이며, 반수 치사량 같은 다른 어떤 수치로도 대신할 수 없는, 직접 쏘여봐야 알 수 있는 고귀한 지식을 찾는 일이기도 하다.

괴짜라는 낙인을 무릅쓰고 슈미트를 고통으로 나아가게 한 힘은 호기심이었다. 새로운 곤충과 곤충 독을 향한 호기심. 슈미트와 동료들, 그리고 후배들은 지금도 직접 곤충에게 쏘여보면서 통증의 지도를 그려나가고 있다. 이 사람들이 선구적으로 쏘여보지 않았다면, 우리는 양봉꿀벌보다 훨씬 아픈 독침을 가진 곤충들이 있다는 것, 화산에서 쏟아져 나오는 용암에 꽁꽁 묶여 있다는 생각이 들 만큼 아픈 독도 있다는 사실을 전혀 모른 채로 살아야 했을 것이다.

슈미트는 2023년 2월 18일, 미국 애리조나주 투손의 자택에서 파킨슨병 합병증으로 세상을 떠났다. 향년 75세. 그의 유산인 슈미트 독침 통증 지수는 독침 연구자들은 물론, 더 넓은 통증 연구 분야에서 길잡이 역할을 하고 있다. 〈킹 오브 페인〉 다큐멘터리를 촬영하면서 직접 슈미트를 만나 이야기를 나눈 적 있는 애덤 손은 그의 부고를 듣고 이런 말을 남겼다.

"우리는 멕시코에서 저스틴을 만나 그의 놀라운 이야기를 들을 수 있는 영광을 누렸습니다. 저스틴은 곤충은 물론 다양한 동물을 포함하는 고통 지수를 만드는 우리의 작업을 지속할 수 있도록 격려해줬습니다. 그는 정말 대단한 사람이었으며 곤충학 분야의 거인이었습니다."

4

고양이는 액체일까, 고체일까?

2024년 8월 3일, 대전 국립중앙과학관에서 재밌는 이름의 학회가 열렸다. 학회가 재밌어봤자 '학회' 아닌가 싶겠지만, 연구자보다는 일반인을 대상으로 한 이 행사의 이름은 '냥냥이 학술대회'였다. 고양이 이야기만 한가득 모아놓은 행사였던 것이다. '고양이는 왜 캣닢에 빠져들까?'나 '고대 이집트 사람들의 고양이 사랑' 같은 매력적인 강연 사이에서 유독 내 시선을 끈 제목이 있었으니, 김범준 성균관대학교 물리학과 교수가 진행한 '고양이 액체설에 대한 물리학적 고찰'이었다.

혹시 인터넷에서 '고양이 액체설'이라는 밈$_{meme}$을 본 적 있는가? 인터넷을 홍수처럼 뒤덮은 고양이 밈 중에서도 유독 인상적인 이 밈에 따르면 고양이는 사실 액체다. 서랍 문이 열려 있으면 아무리 좁은 틈이라도 비집고 들어가 옷가지 사이에 누워 있거나, 샐러드볼 형태의 그릇에 마치 물이 담긴 것처럼 그릇 모양에 꼭 맞게 몸을 구겨 넣는 모습을 빗댄 말이다. 액체처럼 주르륵 흘러내리는 고양이의 유연함을 보고 있으면 이 농담이 결코 농담으로만 여겨지지 않는다. 농담이 사실로 판명되려면 누군가의 검증이 필요할 테다. 김범준 교수의 발표는 고양이 액체설 밈을 과학적으로 고찰하기 위해 마련된 자리였다. 나이 지긋한 노학자가 매우 진지한 태도로 고양이 밈 사진들을 PPT로 보여줄 때마다 청중석에서는 웃음이 터져 나왔다(고 한다. 그날 사정이 있어 냥냥이 학술대회에 참석하지 못했는데, 2024년 가장 후회하는 일 중 하나로 남았다).

고양이는 정말 액체처럼 행동할까? 강연도 놓쳤고 고양이를 키워본 경험도 없는 나는 이 주제가 과연 기삿감이 될지를 판단하기 위해, 고양이 집사 경력 20여 년 차인 데다 지금도 '솜'이와 '사탕'이라는 두 고양이를 키우는 베테랑 집사인 후배 김소연 기자에게 질문을 던졌다. 집사의 눈으로 볼 때 고양이는 고체입니까, 액체입니까? 김 집사, 아니 김 기자는 "초등학교에서 액체와 고체를 구분하는 기준이 그릇에 담았을 때 모양이 바뀌냐, 아니냐로 배웠다. 그 기준으로 보면 고양이는 액체"라는 과학 교육과정을 아주 충실히 이수한 사람이 할 수 있는 답변을 했다. 그러면서 "각 고양이마다 물리적 특성이 다른 것 같다"고 부연했다. "보통은 첫째 솜이가 좀 더 물렁물렁해서 액체에 가깝고요, 둘째 사탕이가 더 단단해서 고체에 가까

운 것 같아요." 음… 한국 최고의 과학 기자에게 들을 수 있는 말치고는 비과학적이라는 느낌이긴 하지만 경험적 증거라고 하니 넘어가겠다. 자, 이제 연구자들의 이야기를 들여다보자.

우선 생물학자들은 고양이가 액체처럼 행동할 수 있는 이유를 유연한 신체 구조에서 찾는다. 고양이가 그리도 유연한 이유는 뼈의 숫자와 형태가 인간과 사뭇 다르기 때문이다. 고양이는 꼬리까지 50~53개의 척추뼈를 가지는데 사람보다 약 20개 많은 숫자다. 그래서 몸을 전체적으로 더 부드럽고 세밀하게 움직일 수 있다. 고양이의 어깨뼈는 사람처럼 다른 뼈와 붙어 있지 않고 근육으로 연결돼 있다. 쇄골 또한 크기가 작은 데다 다른 뼈와 근육으로 연결된다. 이 말인즉슨, 사람이었다면 어깨가 탈골되어도 못 통과할 좁은 틈을 고양이는 어깨를 유연하게 접어서 통과할 수 있다는 뜻이다. 실제로 고양이는 머리가 들어갈 수 있는 정도의 공간만 확보되면 몸은 어떻게든 움츠려 비집고 들어갈 수 있다.

생물학자들이 고양이가 액체처럼 유연한 이유를 신체 구조에서 찾아냈다면, 진짜 이 동물이 액체일지 고양이의 상$_{phase}$에 관해 숙고하는 일은 물리학자의 몫이다. 그리고 놀랍게도 (놀랍지 않게도), 진짜 고양이가 액체인지 고민한 결과 이그노벨 물리학상을 받은 연구자가 있다!

고양이는 (보기에 따라서) 정말 액체다

인터넷에 '고양이 액체설'이 한창 떠돌던 2014년, 당시 프랑스 리옹대학교 물리학연구소의 연구원 마르크앙투안 파르딘$_{Marc-Antoine\ Fardin}$은 이 논쟁을 그저 흥밋거리로만 여겼다. 하지만 유변학자였던 파르딘은 곧 실제로 고양이가 액체일 수 있을까 고민하기 시작했다.

먼저, 대부분의 사람에게 생소할 유변학에 대해 소개하고 넘어가자. 유변학은 물질이 흐를 때 어떻게 변형되는지에 관해 연구하는 물리학의 하위 학문이다. '유변학$_{Rheology}$'이라는 이름 자체가 고대 그리스의 철학자 헤라클레이토스의 말인 "모든 것은 흐른다"의 그리스어 표현 '판타 레이$_{πάντα\ ρεῖ}$'에서 따온 것이기도 하다.

고전물리학에서는 고체에 작용하는 힘은 '탄성'이라는 특성으로, 액체와 기체의 흐름은 '점성'이라는 특성으로 설명한다. 탄성은 어떤 물체에 가해진 힘이 사라졌을 때, 변형된 물체가 원래 모양으로 되돌아가려는 성질을 이야기한다(일상에서 우리는 이를 팽팽히 잡아당긴 고무줄을 놓을 때 느낀다). 반면 점성은 액체나 기체가 흐를 때 내부 분자들 사이의 마찰로 생기는 내부저항이다(일상에서 우리는 이를 끈적임으로 느낀다). 그런데 세상 물질이 고체와 액체, 기체로 칼같이 나뉘는 것은 아니다. 물방울만 봐도 그렇다. 물방울은 틀림없는 액체이지만 초고속 카메라로 바닥에 떨어지는 모습을 촬영해보면 고무공처럼 탄성을 가지고 튕겨 나간다. 이렇게 플라스틱 같은 고분자 물질부터 녹말 용액 같은 콜로이드까지, 액체라고 하기에는 다소 애매한 수많은 물질이 점성과 탄성을 동시에 가지고 있다. 이를 '점탄성'이라 부르는데, 유변학은 점탄성을 통해 다양한 물질의 흐름을 연구하는 학문이다.

유변학에 관한 설명이 길었는데, 다시 고양이로 돌아와보자. 파르딘은 고양이가 액체인지 고체인지 알아보기 위해 먼저 고양이의 '데보라 수$_{deborah\ number}$'를 측정하기로 했다. 데보라 수는 유변학의 기초 개념 중 하나로, 물질의 형태가 변하는 시간과 대상을 관찰하는 시간 사이의 비율이다. 즉 관찰 대상을 지켜보는 동안 그 물질이 처음 상태에서 얼마나 많이 변하는지의 비$_{\text{ratio}}$라고 생각할 수 있다.

예를 들어 와인을 잔에 따른다고 생각해보자. 와인 병을 기울이면(외부에서 힘을 주었을 때), 와인은 우리가 바라보는 시점에서 시차 없이 잔의 모양에 따라 그 모습대로 담긴다(변화가 빠르게 일어난다). 즉 변화에 걸리는 시간이 관찰 시간보다 훨씬 짧기 때문에 데보라 수는 1보다 작아진다. 이렇게 데보라 수가 1보다 작은 상황일 때, 이 물질은 액체에 가깝다고 본다. 반대로 데보라 수가 1보다 커질수록, 그러니까 변화에 걸리는 시간이 훨씬 오래 걸릴수록 물질은 고체에 가까운 특성을 가진다. 이번엔 한번 녹았다가 식고 있는 달고나를 잔에 붓는다고 생각해보자. 달고나가 와인 잔의 모습대로 담기려면 족히 몇 분은 걸릴 것이고 데보라 수도 와인을 따를 때보다 훨씬 커질 것이다.

파르딘은 인터넷에서 여러 사진과 영상을 찾아보면서 고양이의 형태 변화에 걸리는 시간을 측정했다. 즉 고양이가 그릇이나 상자에 들어갔을 때 그릇과 상자의 모습대로 푹 퍼지는 데 걸리는 시간을 쟀다는 뜻이다(무슨 이렇게 속 편한 연구가 다 있담!). 인터넷에 나온 고양이의 '변화에 걸리는 시간'은 짧게는 1초, 길어야 1분 남짓이었다. 유변학에서 말하는 액체의 특성을 충분히 충족한다고 볼 수 있는 시간이었다. 여기서 한 발 더 나아가, 파르딘은 쉽게 겁먹고 몸이 굳어버리는 아기 고양이보다 아무 데나 뻔뻔하게 드러눕는 나이 든 고양이들이 훨씬 액체에 가까운 특성을 보여준다는 사실도 관찰했다.

그런데 용기의 모양대로 흐르는 물질은 액체뿐만이 아니라 기체도 그렇다. 그렇다면 고양이가 기체일 가능성도 생각해야 하지 않을까? 기체와 액체의 차이점은 기체는 힘을 가했을 때 부피가 줄어드는 '압축성'을 가진다는 것이다. 이 질문에 대해 파르딘은 2022년 이그노벨상의 창시자 마크 에이브러햄스Mark Abrahams와의 인터뷰에서 "고양이가 기체일 수 있다는 의문을 갖는 것도 이론상으로는 가능하지만, 문제를 일으키고 싶지 않아서 고양이 '압축' 실험은 할 수 없었다"고 말했다. 실제로 그는 논문 마지막에 "이 연구에서 해를 입은 동물은 없다"고 밝혔다. 다행스럽게도!

유변학과 고양이 사이의 고상한 농담

파르딘의 논문은 유변학이라는 학문의 방법론을 넓게 적용했을 때 어떤 결과를 도출할 수 있나 살펴보는 학문적 농담처럼 들린다. 변수를 어떻게 측정하고 적용하느냐에 따라, 고양이는 인터넷 밈을 넘어 유변학의 관점에서 액체로 정의됐다. 이는 유변학자의 고상한 농담인 동시에 유변학을 우리 주변 세상과 연결하는 또 다른 기회이기도 하다. 유변학은 우리에게 무척 생소한 분야이지만, 이 학문이 다루는 물질은 무한히 많고 연구의 중요성도 매우 크다. 우리가 상상할 수 있는 거의 모든 공장 공정에 유변학이 필수적으로 개입한다고 생각해도 무리는 아니다. 예를 들어 플라스틱, 페인트, 고무 등 각종 고분자 복합 재료로 물건을 만드는 공장에서는 물질의 흐름이 공정에 중요한 영향을 미친다. 의학에서도 마찬가지로, 인공 장기를 만들 때 눈물이나 혈액의 점탄성 측정은 매우 중요하다(중요한 부위에 삽입한 인공 혈관벽에 혈액이 끈적하게 달라붙어 잘 흐르지 않는 상황을 생각해보라. 실제로 혈액의 점도 증가는 많은 심혈관 질환의 원인이기도 하다). 의외로 유변학이 가장 큰 영향을 미치며 발달한 분야는 식품 산업계. 케이크 반죽부터 각종 소스와 드레싱까지, 식품을 만들 때 필요한 재료는 온통 끈적거리며 흐르는 물질 천지이기 때문이다. 지금도 식품 유변학자들은 용기에서 케첩과 마요네즈가 깔끔하게 흘러내리려면 재료를 어느 비율로 섞어야 할지, 혹은 용기를 어떤 소재와 모양으로 만들어야 할지 고민한다.

넘치는 재기와 함께 과학 안팎의 사람들에게 세상을 새롭게 볼 기회를 선사한 공로로 파르딘은 2017년 이그노벨 물리학상을 수상했다. 결국 이그노벨상 위원회도 헤라클레이토스의 오래된 주장을 받아들인 셈이다. 세상 모든 물질은 정말로 흐른다. 고양이마저도 말이다.

역사와 함께 흘러온 과학자들의 고양이 사랑

세상에 고양이를 싫어하는 사람이 있을까? 고양이는 개와 함께 반려동물의 쌍벽을 이루는 동물이다. 약 1만 년 전 중동에서 처음 인류와 함께 살기 시작한 것으로 추측되니 적어도 약 2만 3000년 전에 가축화된 개보다는 늦지만, 그 후 말 그대로 인간을 순식간에 지배하기 시작했다. '지배'라는 표현이 과장됐다고 느낀다면, 한번 생각해보라. 고양이는 인류를 따라 서울의 집구석에서 남태평양의 외딴 뉴질랜드 군도에 이르기까지 전 세계에 빠르게 퍼졌다. 인간은 고양이를 정성 들여 키우지만 고양이는 삶의 대부분 시간 동안 인간을 위해 별 일을 하지 않는다. 사실은… 거의 아무것도 안 한다. 개가 사냥견, 보호견, 안내견, 목양견 등으로 뼈 빠지게 구르는 것과는 대조된다. 고양이를 전방위로 다룬 책에 '고양이는 아무것도 안 함'이라는 챕터가 있을 정도다. 아니, 고양이는 쥐를 잡지 않냐고? 인류가 유사 이래 쥐를 잡기 위한 목적으로 고양이를 마을에, 배에, 섬에 풀어놓긴 했다. 그러나 고양이가 쥐를 제대로 소탕하는지, 기분 내킬 때만 한두 마리 잡아서 가지고 노는지는 다른 이야기다. 고양이의 해충·해수 구제 능력은 아직도 논쟁의 대상이다.

그러면서도 고양이는 문학부터 인터넷 밈까지 인간의 정신문화 곳곳에 스며들었다. 과학 분야도 마찬가지다. 양자역학을 넘어 과학의 가장 강력한 메타포 중 하나가 된 '슈뢰딩거의 고양이'를 생각해보라. 슈뢰딩거의 고양이는 원래 20세기 초 오스트리아의 물리학자인 에르빈 슈뢰딩거가 만든 사고실험이다. 양자역학에서는 전자와 같은 입자들이 확률적으로 존재하며, 그 결과 관찰이 이루어지기 전까지 여러 상태가 중첩돼서 나타날 수 있다고 해석한다. 쉽게 말해 누군가 목격하기 전까지는 이창욱이 집과 회사에 동시에 존재하는 일이 가능하다는 것이다. (편집장님, 안 보셔서 못 믿을 수도 있지만 저 진짜 출근했어요!)

이 해석을 이끌어낸 파동함수를 만든 당사자였던 슈뢰딩거는 이게 얼마나 말이 안 되는 소리인지 보여주기 위해 고양이 사고실험을 만들었다. 고양이를 한 시간 후 절반의 확률로 죽는 장치가 달린 상자에 가뒀다고 생각해보자. 양자역학적으로 생각하면 이 상자를 열어보기 전까지는 고양이가 죽은 동시에 살아 있는 상태가 된다. 그러나 원작자의 의도와 달리 이 사고실험은 양자역학의 기묘함을 잘 보여주는 예시로 유명해졌고, 슈뢰딩거의 고양이는 생물학계의 '멘델의 완두콩'이나 '다윈의 핀치'처럼, 물리학을 상징하는 대표 동물로 불멸의 명성을 얻었다. 이제 왜 국립중앙과학관이 굳이 고양이 행사를 열었는지 이해가 될 거다.

의외로 슈뢰딩거는 고양이를 키우지 않았지만(그래서 슈뢰딩거가 피도 눈물도 없이 절반 확률로 죽이는 잔인한 상자에 고양이를 넣을 수 있었던 건지도 모른다), 수많은 과학자들 또한 고양이의 집사 역할을 자처했다. 우선 니콜라 테슬라, 알베르트 아인슈타인, 에드윈 허블을 비롯한 위대한 물리학자들이 고양이를 키웠다. 키우는 걸 넘어 심지어는 던지기까지 한 과학자도 있었다. 전자기학의 기반을 닦은 물리학자 제임스 클러크 맥스웰과 유체역학의 '나비에-스토크스 방정식'을 발견한 조지 스토크스는 고양이가 어떤 방향으로 어떻게 떨어져도 네 발로 착지한다는 '고양이 낙하 문제'를 푸는 데 천착했다. 맥스웰은 어찌나 그 문제에 집착했던지 그가 다녔던 트리니티칼리지에서는 맥스웰이 실험을 위해 고양이를 창밖으로 던졌다는 이야기가 전해질 정도였다. 물론 맥스웰 본인은 실제로는 침대 위 2인치(약 5센티미터) 높이에서 떨어뜨렸다고 변명했지만. 고양이 낙하 문제를 최종적으로 해결하는 연구는 1세기가 지난 1969년에야 발표됐다.

물론 고양이 낙하 문제를 제외하고는 고양이가 직접 실험

동물로 쓰이는 일은 별로 없었는데, 그중 한 가지 이유는 여러분도 아시다시피 이 생명체가 사람의 말을 듣지 않기 때문이다(이해하지 못하는 게 아니다. 2019년 사이토 아츠코 일본 도쿄대학교 인지행동과학과 교수팀은 고양이 카페에서 78마리의 고양이를 대상으로 이름을 부르며 실험을 진행했는데, 고양이들이 자신의 이름을 알아듣지만 단지 무시할 뿐이라는 연구 결과를 발표했다). 하지만 고양이는 얼마든지 다른 방식으로 과학에 기여할 수 있다. 수동적인 실험동물이 아니라, 물리 논문의 저자(!)로 참여한 사례가 있기 때문이다. 1975년 미국 미시간주립대학교의 잭 헤더링턴Jack Hetherington과 저온 물리학 논문을 함께 쓴 'F.D.C. 윌러드'가 그 주인공이다. 헤더링턴은 〈피지컬 리뷰 레터스Physical Review Letters〉에 게재할 단독 논문에 주어를 '우리$_{we}$'라고 쓰는 실수를 저질렀다. 당시에는 타자기로 논문을 쓰던 시절이라 글을 수정하기가 매우 까다로웠다. 논문을 다시 타이핑하기 귀찮았던 그는 자신의 반려묘 체스터에게 'F.D.C. 윌러드'라는 가명을 지어주고는 공동 저자로 이름을 올렸다. 그 후 헤더링턴에게는 한동안 F.D.C. 윌러드가 누구인지, 공동 연구를 진행하고 싶다든지 교수진으로 영입하고 싶다는 등의 연락이 이어졌다. 〈피지컬 리뷰 레터스〉를 발행하는 미국 물리학회는 2014년부터 고양이가 저자로 참여한 논문을 인터넷으로 볼 수 있도록 공개하고 있다. 그러니 원한다면 당신도 F.D.C. 윌러드가 쓴 헬륨3

원자 교환에 관한 논문을 읽을 수 있다.

고양이가 당신을 조종한다면

고양이를 향한 과학자들의 관심은 이그노벨상 수상 목록에서도 드러난다. 이 목록에는 고양이 액체설을 다룬 논문 외에도 약 다섯 편의 고양이 관련 연구가 더 있다. 일찍이 1994년에는 고양이 귀 진드기를 자신의 귀에 직접 넣어본 연구자가 곤충학상을 수상했다. 이 논문의 제목은 누가 봐도 존 스타인벡의 《생쥐와 인간 Of Mice and Men》의 패러디가 분명한 '진드기와 인간 Of mites and man'이었다. 2000년에는 고양이가 키보드 위를 걸어가는 발걸음을 감지해서 의도치 않은 타자 입력을 방지하는 프로그램을 만든 프로그래머가 컴퓨터공학상을 수상했다("저는 호기심 많은 새끼 고양이가 키보드를 가로질러 걸어가는 바람에 얼마나 많은 소설, 단편소설, 칼럼, 그리고 아마도 퓰리처상 수상작을 잃었는지 말씀드리고 싶습니다." 윈도우 98 시절의 리뷰어가 인터넷에 남겨놓은 프로그램 리뷰다). 애묘인들이 가장 좋아할 만한 과학 연구는 비교적 최근인 2021년, 주잔네 쇠츠Susanne Schötz 스웨덴 룬드대학교 음성학 교수가 이끄는 실험실의 연구일 것 같다. 이들은 고양이가 인간과 상호작용을 할 때 내는 소리를 상황에 맞게 음성학적으로 분석해 '고양이 언어학'

을 시도한 공로로 생물학상을 받았다. 그들의 분석 결과에 의하면 고양이도 기분 좋을 때는 짧고 상승하는 야옹 소리를 내고, 기분이 나쁠 때는 길고 낮은 야옹 소리를 낸다고 한다.

여러 이그노벨 고양이 연구 중 가장 과학적 의미가 큰 걸 뽑아보라면 2014년 공중보건상을 받은 세 연구를 뺄 수 없다. 이 연구들은 애묘인들을 충격으로 몰아갈 내용을 담았는데, 각각 고양이를 키우면 성격이 부정적으로 변하고, 지능이 낮아질 수도 있으며, 고양이한테 물리면 우울증에 걸릴 확률이 증가할 수 있다고 주장했다. 고양이를 키우면 가지게 될 위험에 관해 다룬 이 논문들이 주장하는 범인은 고양이가 아니라 고양이가 가지고 있는 기생충, '톡소포자충'이다.

'톡소플라스마 곤디'라는 학명으로도 알려진 톡소포자충은 고양이를 종숙주로 삼는다. 괴로운 고통을 동반하는 다른 기생충과 달리, 톡소포자충은 한동안 감염된 동물의 90퍼센트에서 감염을 인식하지 못할 정도로 별 증상을 나타내지 않는다고 알려져 있었다. 이 작디작은 친구가 다른 동물의 행동을 직접적으로 바꾼다는 선구적 연구가 나오기 전까지는 말이다. 2000년, 톡소포자충에 감염된 쥐가 고양이의 소변 냄새를 무서워하지 않게 변한다는 내용의 논문이 발표됐다. 쥐는 당연히 포식자인 고양이의 소변 냄새를 치가 떨릴 정도로 무서워하는데, 톡소포자충에 감염된 쥐는 오히려 고양이의 오줌 냄새에 끌리는 듯한 반응을 남긴 것이다.

　기생충이 숙주인 쥐의 행동을 바꾼다는 연구 결과는 이후 교차 검증되면서 사실로 밝혀졌다. 그러자 톡소포자충이 쥐에게 그러는 것처럼 인간에게도 지금까지 발견되지 않은 영향을 주고 있을지도 모른다는, 과장해서 말하면 인간을 '조종'하고 있을지도 모른다는 의심이 피어났다. 2014년 이그노벨상을 받은 연구들은 바로 이 지점을 분석한 연구다. 체코 카를로바대학교의 야로슬라프 플레그르Jaroslav Flegr는 톡소포자충에 걸린 사람과 그렇지 않은 사람의 심리상태를 다양하게 조사했다. 특히 군 징집병 857명을 대상으로 한 실험에서, 남성의 경우 새로운 것을 추구하려는 수준이 감소했으며, 지능검사 결과 지능 또한 상대적으로 낮게 측정됐다는 결과가 나왔다. 또 다른 정신질환인 우울증을 다룬 데이비드 하나워David Hanauer의 논문은, 개에게 물린 환자와 고양이에게 물린 환자를 비교해 고양이에게 물린 환자에게서 우울증 발병률이 훨씬 높다고 보고했다. 이 논문의 저자들이 발병률 차이의 원인으로 내놓은 가설 중 하나도 톡소포자충이다. 톡소포자충이 인간의 뇌에 장기적인 변화를 일으킨 것은 아닐까 하는 의심이다. 특히나 플레그르는 어쩌면 이러한 변화에서 톡소포자충이 조현병의 발병과 관련 있을지도 모른다고 추측했다.

　눈에 보이지도 않는 기생충이 우리도 모르는 새 고양이

를 통해 묻어와 인간의 건강과 정신을 조종한다는 이야기, 심지어 우울증이나 조현병 같은 심각한 정신 질환의 원인일지도 모른다는 이야기는 애묘인은 물론 일반인에게도 충분히 충격적이고 놀랍다. 하지만 너무 놀라지는 말자. 톡소포자충이 인간에게 미치는 영향은 아직 정설로 통할 만한 결과를 내지 않은, 현재진행형의 연구라는 점을 명심해야 한다. 톡소포자충 연구는 잘 드러나지 않는 변인들을 다뤄야 하기 때문에 까다롭고, 장기적 요인을 추적 관찰하기에는 연구가 진행된 지도 얼마 되지 않았다. 이 연구들이 새롭고 관심을 기울일 만한 것이긴 하지만 고양이가 위험 인자인지는 명확히 밝혀지지 않았다는 뜻이다.

그리고 내 추측을 말해보자면, 만일 톡소포자충의 위협이 사실로 드러난다고 해도 많은 애묘인들이 이미 한집에 함께 살고 있는 고양이를 내쫓는 사태는 일어나지 않을 것 같다. 그러기에 인간은 고양이를 너무 사랑하기 때문이다. 인간은 꾸준히 고양이와 가까워지려 하고, 고양이를 이해하고 싶어 한다. 내 회사 자리 건너편에 앉은 김 집사처럼 사람들은 고양이에게 물리고 긁히면서도 아무 일도 하지 않는 고양이를 꾸준히 보살핀다. 키보드를 잘못 밟아 컴퓨터에 써놓은 걸작 소설이 지워지거나, 데리고 온 톡소포자충에 의해 정신 건강 같은 소중한 무언가를 잃을지도 모르는 위험을 안고서도 인간은 고양이를 키우고, 그들의 상변화를 분석하고 함께 논문을 쓰고 울음소리를 이해하기 위해 노력한다. 나에게 일어나는 변화를 감수하고서라도 다른 존재에게 관심을 가지는 것, 그것이 사랑이다.

고양이를 다룬 여섯 편의 이그노벨상 논문은, 어쩌면 끝나지 않을 인간의 고양이 사랑을 다면적으로 보여주고 있는 건지도 모른다.

5

성공하려면 운과 재능 중 무엇이 더 중요할까?

혹시 일 못하는 사람 때문에 답답해본 적 있는가? 나는 있다. 카페에 갔는데 30분째 음료가 나오지 않는다거나, 시키지 않은 배달 음식이 오는 정도는 종종 만나는 일상의 불운 정도로 치부할 수 있다. 주기로 한 업무 서류를 한 달째 전달하지 않는 클라이언트, 메일에 파일 첨부도 제대로 못 하는 주제에 기싸움부터 거는 옆 팀 동료, 꽤나 괜찮은 디자인 시안을 다섯 번 뒤집더니 막판에 개똥 같은 걸 채택하는… 아! 혈압 올라오니 여기까지만 하겠다(주의: 이번 장에서 다뤄지는 예시는 전적으로 각색되었으며, 글쓴이의 경험에 기반한 것이 절대로 아님. 그러나 여러분은 자신의 회사 동료들을 생각하면서 읽으면 몰입이 잘될 것이다).

캐나다의 교육학자 로런스 J. 피터Laurence J. Peter도 이런 고통으로 괴로워하는 사람 중 하나였다. 그는 일 못하는 사람이 도처에 널린 이유를 탐구하다가 1969년 《피터의 원리The Peter

Principle》란 책을 발표하기에 이르렀다. 피터는 회사의 직원들이 업무 성과에 따라 높은 자리로 승진한다고 가정했다. 그렇다면 일을 잘하는 사람일수록 점점 더 높은 자리로 승진하게 될 것이다. 문제는 승진해서 맡은 업무는 그전에 해온 일과는 다를 가능성이 크다는 점이다. 그러다 보니 일을 잘해서 승진을 했는데, 새로운 일이 맞지 않아 예전보다 업무 역량이 떨어지는 상황이 생긴다. 일을 못하니 그는 더 이상 승진하지 못할 것이다. 이 논리에 따르면 사람들은 자신의 업무 능력이 가장 떨어질 때까지, 즉 일을 가장 못하는 직위까지 승진하게 된다. 그 결과 시간이 지날수록 회사는 말단부터 대표까지 어떤 자리든 일을 못하는 사람들로 꽉꽉 채워진다는 것이다(!).

이것이 '피터의 법칙'으로, 솔직히 나는 이 법칙을 처음 듣고는 정량적으로 검증된 과학계의 법칙보다는 경험적 진실에 냉소적 유머를 섞은 '머피의 법칙'에 더 가까운 편이라 생각했다(물론 지금 돌아가는 회사 꼬락서니를 생각하면 그 무엇보다 위대한 법칙이라는 생각도 든… 아! 혈압!). 멍청한 후배, 회사 와서 하루 종일 유튜브나 보는 선배, 존재의 이유(정확히는 돈을 받는 이유)가 궁금한 옆 팀의 존재를 이성적으로 설명하기 위해 세상 사람들은 피터의 법칙 외에도 파킨슨의 법칙, 딜버트의 법칙 등 다양한 법칙을 만들었다. 그래서 한 줄짜리 유머로 소비되는 줄 알았던 이런 법칙들이 경제학이나 경영학, 행정학 분야에서는 진지한 연구의 대상이 된다는 것을 처음 알았을 때는 솔직히 놀랐다. 한 조직 내에서 비효율을 줄이고 최고의 성과를 내기 위해서 그동안 알음알음 전달되어왔던 경험칙經驗則들이 실제로 맞는지 검증해볼 필요가 있다는 것이다. 예를 들어 경제학 학술지에는 '피터의 법칙: 쇠퇴하는 이론', '성과, 프로모션 및 피터의 법칙', '승진과 피터의 법칙' 등의 제목을 단 연구가 실린다. 피터의 법칙이 진짜인지 아니면 통계적 착시에 의해 일어나는 허상인지를 알아보거나, 피터의 법칙이 맞다면 문제를 극복하기 위해 어떤 식의 인센티브를 줘야 하는지 분석하는 연구들이다. 그런데 피터의 법칙을 검증한 한 논문은 경제학 학술지가 아닌 물리학 학술지에 실렸다. 물리학적 방법으로 피터의 법칙을 계량적으로 검증하려 한 사람은 이론물리학자인 알레산드로 플루키노Alessandro Pluchino 이탈리아 카타니아대학교 물리천문학과 교수였다.

컴퓨터 속에 피라미드 회사를 세우고 실험하다

피터의 법칙은 진짜 존재할까? 만약 정말로 피터의 법칙이 작동한다면, 한 회사의 업무 효율성을 키우기 위해선 어떤 사람을 승진시키면 좋을까? 플루키노가 이 질문을 풀기 위해 사용한 방법은 컴퓨터 시뮬레이션 실험이었다. 그는 우선 컴퓨터로 회사 내 계급이 피라미드 형태를 띠는 단순한 조직 모형을 만들었다. 그리고 직원의 능력에 상관없이 상급자와 하급자를 무작위로 배치했다. 이 가상의 회사 직원들은 정규분포에 따라 서로 다른 능력치를 가지며, 상급자가 은퇴해 빈자리가 생기면 부하 직원 중 한 명이 승진해서 그 자리를 채우는 구조다. 이 상황에서 연구팀은 승진 조건을 여러 가지로 바꿔가며 질문에 답하기 시작했다.

먼저 연구팀은 회사가 처할 수 있는 상황을 두 가지로 가정했다. '상식적인 상황'은 승진한 사람이 새로운 직책에서도 자신의 역량을 일정 수준으로 유지하는 경우다. 살짝 변화가 생길 순 있지만, '일잘(일 잘하는 사람)'은 승진해도 일을 잘하고, '일못(일 못하는 사람)'은 승진해도 일을 못한다는 가정이다. 두 번째 '피터의 법칙' 상황은 승진한 사람의 역량이 완전히 무작위적으로 재부여되는 경우다. '일잘'이라서 승진시켰더니 회식 자리나 오지게 만들면서 업무는 엉망으로 처리한다든가, '일못'인 줄 알았는데 일단 승진하니 끝내주는 사업을 따오는 경우다.

이 두 가지 상황을 두고 연구팀은 다시 세 가지의 승진 비책을 내놨다. '일잘'을 승진시키는 경우("자네가 앞으로도 잘하리라 믿네"), '일못'을 승진시키는 경우("제조2팀 사고뭉치가 승진했단 얘기 들음? ㄷㄷ"), 아무나 승진시키는 경우("자, 모여보세요! 재

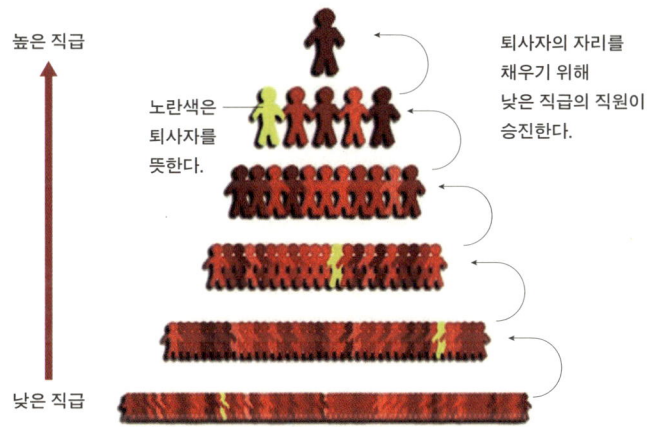

피터의 법칙을 컴퓨터로 검증해본 이 실험에서, 노란색은 퇴사로 인한 공석을 의미하며 퇴사자의 자리를 채우기 위해 피라미드 구조의 아래쪽에 위치하는 낮은 직급의 직원이 승진한다. 연구팀은 승진 조건을 바꿔가며 회사 전체의 효율을 검증했다. 그 결과, 일 잘하는 사람을 승진시키는 것보다 무작위로 한 명을 승진시킬 때 회사의 효율이 증가하는 것으로 나타났다.
ⓒA Pluchino et al.

무팀 차장 선발 제비뽑기를 시작합니다!"). 두 가지 상황에 세 가지 승진 비책을 곱해(2×3) 총 여섯 가지의 실험 대상이 만들어졌다. 자, 지금부터 플루키노 연구팀이 만든 피라미드 구조의 회사 여섯 곳의 상황을 시뮬레이션으로 돌려보자. 효율성은 초기 상태에서 어떻게 변화할까?

우선 '상식적인 상황', 즉 승진하고도 업무 역량이 보존되는 경우는 '일잘'을 승진시킬 때 조직 효율이 9퍼센트 상승했다. 아무나 승진시킬 때(+2퍼센트)는 효율이 살짝 올랐고, '일

못'을 승진시킬 때(-5퍼센트)는 효율이 떨어졌다. '일잘'을 승진시키면 회사에 '일잘'들이 남아 보존되는 결과를 가져올 테니, 과연 상식적인 결과다. 재밌는 부분은 피터의 법칙이 통한다는 가정의 회사 세 곳이었다. 이 세 곳은 상식이 통하지 않는 난장판이었다. '일잘'을 승진시키니 회사 전체의 효율성이 -10퍼센트로 떨어졌다. 아무나 승진시킬 때의 효율은 +1퍼센트였고, 놀랍게도 '일못'만 골라서 승진시킬 때는 회사 전체의 효율이 12퍼센트 증가(!)했다. 상식적인 회사에서 '일잘'을 승진시킬 때보다도 높은 수치였다.

방금 읽은 문장이 오타가 아니냐고? (걱정 마라. 나도 내 눈을 믿지 못해서 논문과 쓰던 글을 다섯 번이나 다시 읽어보았으니까.) 사실 실험의 설계에 따르면 논리적으로는 자연스러운 결과인 것이, 피터의 법칙이 지배하는 세계에서는 승진을 하면 업무 능력이 다시 무작위로 재부여된다는 가정이 있기 때문이다. 쉽게 말하자면, 승진은 복권을 긁는 것과 같다―운에 따라 승진한 사람은 업무 능력이 나빠질 수도 있고, 좋아질 수도 있다. 이때 '일못'만 골라서 승진시키면 '일잘'은 그대로 둔 채 업무 능력이 떨어지는 사람만 능력이 초기화되니까, 평균 업무 능력은 상승할 수밖에 없다. 좋은 아이템이 나올 때까지 나쁜 아이템을 버려가면서 무한 뽑기를 반복하는 상황과 비슷한 셈이다. 이제 반대의 상황도 이해할 수 있을 것이다. 피터의 법칙이

통하는 상황에서 '일잘'만 승진시킨다는 건, '일못'을 그대로 둔 채 '일잘'만 랜덤으로 업무 능력을 재부여하는 바보짓이란 소리다.

다행히도(?) 연구팀이 논문의 말미를 "'일못'만 골라서 승진시켜라"라는 조언으로 장식하는 일은 없었다. 너무나 반직관적인, 말이 안 되는 결론이기 때문이다. 실제 회사에 이런 승진 시스템을 적용한다고 생각해보라. 당장 난리가 나고 고성이 오가고 줄퇴사가 이어질 것이다("에라 ××, 저런 머저리도 차장을 다는데 나 때려치운다!"). 연구팀은 조직 전체의 효율성을 높이기 위해서 '무작위 승진' 방식을 추천했다. 피터의 법칙이 작동하든 그렇지 않든, 승진 대상을 무작위로 결정할 때 회사 효율성이 1~2퍼센트는 오르기 때문이었다. "그럼 일만 죽어라 하고 진급도 못 하는 불쌍한 '일잘'들은 어떡하나요?" 내 질문에 플루키노 교수는 이렇게 대답했다.

"물론 일을 잘하는 사람은 다른 방식으로 보상을 받아야겠죠. 가령, 직책은 그대로지만 급여를 인상하는 식으로요." 돈을 더 준다니, 과연 현명한 처사다.

참, 그래서 피터의 법칙은 정말 존재하는 걸까? 답은 앞에서 이미 나왔다. 이를 알려면 실제로 상급자가 될수록 업무 효율이 이전보다 떨어지는지 살펴보면 되기 때문이다. 연구팀이 시뮬레이션을 돌린 여섯 회사 중 그런 암울한 현상이 벌어진 곳은 한 군데, 바로 피터의 법칙이 적용됐을 때 '일잘'을 승진시킨 곳이었다. 물론 현실에 피터의 가정이 적용되는지 증명하려면 우선 피터의 가정이 맞는지부터 확인하는 일이 남아 있지만, 플루키노 교수팀은 피터의 법칙이 적어도 논리적으로 작동하는 시뮬레이션 안에서는 실제로 나타난다는 사실을 보여준 셈이다. 여섯 개 가상 회사의 직원들을 시뮬레이션으로 수없이 학대하며 상식을 뒤엎는 반직관적인 결론을 선보인 노고를 인정받아, 플루키노 연구팀은 2010년 이그노벨 경영학상을 받았다.

물리학자가 인간 세상을 들여다본다면

"2009년이었습니다. 우연히 《피터의 원리》를 읽고, 이 현상이 실제로 일어날 수 있는지 알아보고 싶었어요. 그래서 물리학자와 사회학자 친구를 불러 모아 피터의 법칙을 검증할 수 있는 수학모형을 만들기 시작했죠."

플루키노 교수는 이메일로 진행된 인터뷰에서 첫 번째 이그노벨상 수상 연구를 시작하게 된 동기를 이렇게 설명했다. 그는 물리학 분야 중에서도 '복잡계complex system'를 연구하는 학자다. 복잡계는 계를 구성하는 수많은 구성 요소가 상호작용을 하면서 새로운 현상을 만드는 계를 의미한다. 단순히 시스템을 이루는 요소의 수가 많아서 복잡하다기보단, 이 요소들이 서로 영향을 미치며 인과관계를 형성하기 때문에 앞으로 어떻게 반응할지 파악하기가 힘든 경우의 계를 일컫는다. 물리학자가 보온병에 든 얼음물이 언제 녹을지를 계산해야 한다면, 몇 가지 수치와 공식으로 간단하게 답을 찾을 수 있다. 그러나 복잡계의 한 예인 주식시장은 다르다. 수많은 사람이 투자에 참가하는 주식시장에서 투자자 개개인의 행동은 예측할 만하지만, 이들이 모여 상호작용을 하면 전혀 예측할 수 없는 현상이 발생한다. 이것이 복잡계의 특징인데, 그래서 멀쩡하던 주식이 이유 없이 폭등하거나 폭락하는 것처럼 보인다(다르게 보면, 복잡계 연구에 관심이 쏠리는 것도 그래서이다. 단순한 방정식으로 상관관계나 인과관계를 밝혀내긴 무척 어렵지만, 조금이라도 예측이 가능해지면 떼돈을 벌 수도 있을 테니).

플루키노 교수는 "보행자의 행동에서 눈사태에 이르기까지 주제는 다양하지만, 복잡계라는 측면에서 모두 동일한 수학적 방법으로 연구할 수 있다"고 설명한다. 인간이 만든 사회와 경제시장도 복잡계처럼 작동한다. 그런데 실제 사회를 그대로 실험하기는 무척 힘들다(누군가 당신에게 당장 내일부터 '일못'만 승진하는 회사에 출근하라고 지시했다고 생각해보라. 무리다). 그러니 실제 사회에서 몇 가지 중요한 변수만 추출해 단순하게 만든 컴퓨터 모델을 시뮬레이션하여 법칙이나 원리, 결과를 찾아보는 것이다. 앞서 플루키노 교수팀이 수많은 변수가 섞여 복잡하게 작동하는 현실 세계의 회사를 여섯 종류의 단순한 피라미드 형태의 회사로 만들어 실험한 것처럼.

어쩌면 경제학에서 다루는 주제를 통계물리학적 시뮬레이션을 통해 풀어냈다는 점이 신선할 수도 있겠다. 이렇게 사회과학적 질문을 물리학의 방법론으로 접근하는 분야를 '사회물리학'이라 부른다. 유체의 흐름을 기술하는 방정식이 우리 집 싱크대 벽에 끈적하게 붙어 있는 꿀은 물론, 우주로 발사되는 로켓 연료관 내부를 흐르는 액체산소를 설명하는 데도 동일하게 적용되듯, 물리학 법칙은 인간 세상의 복잡다단한 현상에도 적용될 수 있다.

예를 들어 주식시장의 급작스러운 폭등과 폭락은 자석이 자성을 갖게 되는 원자모형과 동일한 방식으로 설명된다. 자성 물질 내부의 원자는 각각이 N과 S극을 가진 미세한 자석과 같다. 이 원자 자석들은 서로 다른 방향으로 아무렇게나 정렬되어 있어 평소엔 자성을 띠지 않지만, 자기장을 걸어주면 자석들이 한 방향으로 정렬되며 자성을 띠게 된다. 철 조각에 자석을 갖다댔다가 뗐을 때 자성이 생기는 원리다. 그런데 원자 자석의 정렬 현상이 일어날 때, 이 자석들은 가까이 있는 것들끼리 영향을 준다. 주변 원자 자석이 다 위쪽을 쳐다보고 있으면 나도 덩달아 위쪽을 쳐다볼 확률이 높아지는 것이다. 그래서 원자 자석의 정렬은 하나하나가 차례차례 변하지 않고 훨씬 급격하게 변한다.

원자 자석들이 처한 상황은 가까운 사람들끼리 눈치를 보고 의견을 나누는 인간 사회와 비슷하다. 주식을 사거나 팔 때, 우리는 주변 사람들의 소문에 귀를 기울인다. 새로 나온 휴대폰을 사거나 공연이 끝난 콘서트장에서 박수를 언제까지 칠지 정할 때도 마찬가지다. 변화는 차례차례 슬그머니가 아니라 급격하게, 원자 자석의 정렬처럼 일어난다. 물리학이 원자 자석과 인간의 행동에서 비슷한 패턴을 찾아낸 것이다. 사회물리학을 소개한 저서 《사회적 원자》를 쓴 마크 뷰캐넌Mark Buchanan은 복잡계 속에서 비슷한 패턴을 찾아내는 사회물리학 연구에 관해 이렇게 말하기도 했다. "혼란 속에서 패턴이 저절로 나타나고, 스스로 에너지와 힘을 얻는 것이다. 이것은 안무가 없는 무용과 같다. 사람들의 구불구불한 흐름은 어떤 한 개인이 가진 욕망이나 평균적인 욕망을 반영한 것이 아니다."*

- 마크 뷰캐넌, 《사회적 원자》, 김희봉 옮김, 사이언스북스, 2010, 21~22쪽

성공에 중요한 건 운일까 재능일까

피터의 법칙에 관한 연구를 발표한 후, 플루키노 교수는 더 많은 사회와 경제 관련 연구를 하면서 삶이 우리의 고정관념과 다르게 작동하는 지점을 계속 찾아냈다. 특히 그의 관심을 잡아끈 대목은 '무작위적 선택'이었다. 아무나 뽑아서 승진시키는 것이 일 잘하는 직원을 승진시키는 것보다 좋은 전략이 될 수 있을지 누가 상상이나 했을까. 그는 우연히 뽑힌 정치인부터 무작위로 선택된 투자와 거래 전략에 걸친 다양한 무작위 전략에 관해 연구했다. '무작위성'이란 표현 아래서 그가 결국 맞닥뜨린 것은 '성공'이란 키워드였다.

시험 1등, 대박 난 사업, 짜릿한 결승 골, 수십만 부가 팔린 베스트셀러, 팬들이 몰려 매진된 공연까지. 누구나 성공을 꿈꾼다. 어떻게 달콤한 성공을 거머쥘 수 있을까. 성공하기 위해 필요한 것에 관해 물어보면, 많은 사람이 가장 먼저 '재능'에 대해 얘기하곤 한다. 총명함과 지능, 그리고 이를 꾸준히 갈고 닦아 훌륭한 결과물을 꽃피워내는 노력 같은 것들 말이다. 사회 시스템도 재능 있는 사람에게 성공의 기회를 열어주는 일이 당연한 것처럼 만들어졌다. 인생을 결정짓는 수많은 시험들, 시험에서 높은 등수를 차지하기 위해 잠을 줄여가며 노력하는 수많은 사람을 보라. 그렇다면 성공은 재능과 노력의 문제인 걸까?

물리학자들은 여기서 재미있는 발견을 했다. 수많은 사람을 모아뒀을 때 재능은 대개 '정규분포'를 따른다. 재능을 대표한다고 알려진 수치인 '지능지수$_{IQ}$'를 예로 들자면, IQ가 100 정도인 사람이 가장 많고 IQ가 그보다 낮거나 높은 사람은 갈수록 줄어드는 분포다. 그래프로 그려놓고 보면 평균인 중간이 가장 높고 양쪽 주변부로 갈수록 그래프가 낮아지는 모습이 마치 종 모양으로 생겼기 때문에 '종형 곡선'이라 부르기도 한다(사실상 현대에 쓰이는 IQ 자체가 종형 곡선의 가장 중간인 평균 IQ를 100으로 맞춘, 통계적으로 일반화시킨 점수를 매기고 있다).

그런데 재능이 성공에 영향을 미치는 결정적 요소라면 성공한 사람(그리고 실패한 사람)의 분포도 종형 곡선을 따라야 하지 않을까. 하지만 그렇지 않았다. 사회적으로 '성공의 척도'라 불리는 부의 분포를 살펴보면 매우 소수가 대부분의 부를 거머쥐고, 나머지 훨씬 많은 다수가 상대적으로 적은 부를 나눠 가지는 분포를 보인다. 이를 그래프로 그려보면 종형 곡선과는 다르게 한쪽이 매우 높고, 다른 한쪽은 매우 낮게 끝없이 이어지는 곡선이 그려진다. 이 분포는 '이탈리아 인구의 20퍼센트가 이탈리아 전체 부의 80퍼센트를 가지고 있다'고 주장한 경제학자 빌프레도 파레토$_{Vilfredo\ Pareto}$의 이름을 빌려 '파레토 법칙'이라 부른다. 꼬리가 긴 모양이라 '롱테일'이라고도 불리며, 수학적으로는 한 수가 다른 수의 거듭제곱으로 나타나는 멱함수 법칙으로 표현된다.

 부의 분포가 멱함수 법칙을 따른다는 점은 이미 플루키노 이전의 사회물리학 연구자들에 의해 알려져 있는 내용이었다. 그렇다면 '재능=성공'이 아니라는 걸까? 재능과 성공의 관계 뒤에 숨겨진 것은 무엇일까. 이 질문에서 플루키노에게 두 번째 이그노벨상을 안겨준 연구가 출발했다.

 플루키노 교수와 동료들은 이번에는 컴퓨터에 '재능 대 행운 모델'을 만들었다. 컴퓨터 속에 구현된 이 모형은 퀴퀴한 잿빛 사각형 안에 검은색 인간이 1000명이나 가득 들어찬 이상한 가상 세계다. 이 인간들은 각각 똑같은 양의 초기 자금, 무작위적으로 주어진 서로 다른 수준의 재능(물론 정규분포를 따르는)을 가지고 잿빛 사각형 안의 아무 곳에나 흩어져 있다. 이들을 험난한 사회에 첫발을 내디딘 야심 가득한, 혹은 불안에 떠는 사회 초년생이라 봐도 무난하리라. 이 시뮬레이션을 흥미진진하게 만들어주는 부분은 사각형과 사람들 사이에 마찬가지로 무작위로 흩어진 초록색, 빨간색 점이다. 이 초록색 점은 '행운'을, 빨간색 점은 '불운'을 나타낸다. 사람들도, 점들도 무작위로 배치됐으니 어떤 사람 옆에는 행운의 초록 점이 많이 모여 있을 수 있고, 어떤 사람 옆에는 불운의 빨간 점이 몰려 있을 수 있다. 즉 이 시뮬레이션에서 '무작위 배치'는 각 사람들의 '운'이라고 볼 수 있다.

자, 감정이입을 위해서 당신이 1000명 중 한 명의 검은색 인간이라 상상해보자. 시뮬레이션이 시작되면 사람들은 아무 방향으로나 움직이기 시작한다. 그러다 점들을 만나면 사건이 일어난다. 당신이 행운(초록색 점)을 만난 경우에는 재능에 비례하는 확률로 돈이 두 배 불어난다("마라탕후루떡볶이가 잘 팔릴 줄 누가 알았겠어?", "생각 없이 넣었던 코인이 대박을 터뜨렸어!"). 1~100 사이 범위 중 70의 재능을 타고났는데 행운을 만난다면, 70퍼센트 확률로 1000원이 2000원으로 늘어난다는 뜻이다. 다음으로 당신이 만약 불운(빨간색 점)을 만나면 재능과 관계없이 가지고 있는 돈이 절반으로 줄어든다("부모님이 많이 아프셔서 회사를 그만두고 고향으로 내려왔어", "마라탕후루떡볶이 인기가 반년을 안 가더라고"). 재능이 35든 90이든 3000원이 1500원으로 깎이는 것이다. 연구팀은 이 시뮬레이션을 20세 사회 초년생이 은퇴할 나이인 60세가 될 때까지, 40년을 돌렸다(시뮬레이션이 좋은 점이 이것이다. 현실에서는 연구 하나를 위해 1000명을 40년 동안 따라다니기가 너무 힘들다). 그 후 어떤 사람이 돈을 많이 벌었는지 분포도를 그렸고, 성공한 사람과 그들이 지닌 재능의 상관관계도 그려봤다.

결과는 어땠을까? 컴퓨터 속에서 40년의 시간이 흐른 후 대부분의 사람이 매우 가난해졌다. 반면 소수의 사람은 처음보다 수천에서 수백만 배 많은 돈을 벌었다. 이 부의 분포는 정

2022년 경제학상

"재능 vs 행운 : 성공에 우연이 얼마나 개입할까?"

수상자 알레산드로 플루키노, 알레시오 에마누엘레 비온도 Alessio Emanuele Biondo, 안드레아 라피사르다 Andrea Rapisarda

연구 방법

❶ 연구팀은 우선 사람이 1000명 있는 컴퓨터 모델을 구현했다. 이들은 똑같은 돈과 서로 다른 수준의 재능을 가지며, 모델 내부에서 무작위로 움직인다.

❷ 모델 내부에 구현된 초록색 점은 행운을, 빨간색 점은 불운을 의미한다. 이 점들도 역시 무작위로 뿌려져 있다.

❸ 사람들이 움직이다 이 점을 만나면 사건이 일어난다. 행운을 만난 경우 재능에 비례하여 돈을 벌게 된다. 불운을 만나면 재능에 관계없이 가지고 있는 돈이 절반으로 줄어든다.

❹ 일정한 시간이 지난 후 어떤 사람이 돈을 많이 벌었는지 알아본다. 시뮬레이션 결과, 가장 돈을 많이 번 사람은 재능과는 전혀 상관관계가 없었으며 단지 초록색 점을 많이 만났을 뿐이었다.

확히 파레토 법칙을 따르고 있었다. 이전 사회물리학 연구의 관찰을 입증해주는 결과였다. 더욱 주목해야 할 부분은, 대부분의 부를 소유한 소수가 평균 정도의 재능만 가지고 있었다는 점이다. 그들이 돈을 많이 벌 수 있었던 이유는 단지 시뮬레이션 과정에서 불운보다 행운을 더 많이 만났기 때문이었다. 시뮬레이션이 가동될 때 주변에 빨간색 점보다 초록색 점이 더 많았던 것이 성공의 비결이었다. 몇 번의 시뮬레이션을 반복해도 결과는 비슷했다. 평범하지만 운이 좋은 사람들은, 재능이 있지만 운이 없는 사람을 항상 이겼다.

적어도 플루키노 교수의 컴퓨터 속에서 '성공=운'이었다.

물리학이 더 나은 사회를 만드는 데도 도움을 줄 수 있을까

'학력이나 학벌, 연고 따위와 관계없이 본인의 능력만을 기준으로 평가하려는 태도.' 이것이 사전에서 정의하는 능력주의의 의미다. 능력주의 사회에서 우리는 재능 있는 사람이 성공을 거머쥐는 것이 당연하다고 생각한다. 하지만 플루키노 교수팀의 복잡계 모델링 연구는 이 사회가 '능력주의'라는 전제와 전혀 다른 방식으로 작동할 수도 있다는 사실을 보여준다. 잠을 줄여가고 피똥 싸며 노력해서 지금의 자리에 올랐다고 자랑하는 많은 사람이, 사실은 능력이 아니라 운만 좋은 사람이었을 수도 있다는 것이다. 어쩌면 지금도 더 높은 자리에서 '성공하려면 네 능력을 보여주라'고 외치는 사람들이 외면하고 싶을 불편한 진실이다.

플루키노 교수의 연구가 보여주는 결과는 상식과 정반대처럼 보이지만, 사실 놀랍도록 새롭지는 않다. 시뮬레이션이 아닌 컴퓨터 바깥에서 피터의 법칙을 다각도로 조명한 경제학 학술지의 연구들처럼, 성공과 불평등에 관한 연구 또한 사회과학 분야에서는 오랫동안 중요하게 다뤄진 연구 주제였다. 이런 연구들에서는 능력주의 이면에 깔린, 사람들이 쉽게 보지 못하는(혹은 보려 하지 않는) 사회적 요인을 탐구하고 다양한 질문을 던진다. 그중 몇 가지 화두만 보자면 다음과 같다.

우선 개개인의 능력이 실제 성공으로 치환되는가? 플루키노 교수를 포함한 여러 연구의 결론은 '아니다'이다. 능력이 영향을 미칠 수는 있겠으나 운, 개인의 사회적 계급, 젠더, 개인이 살던 시기의 역사적 배경 등 다양한 변수가 능력과 성공 사이의 거리를 벌린다.

애초에 그 '능력'이라는 게 뭔가? 사회가 능력을 잘 측정하고 있긴 한가? 여기에 관해서도 비판적인 반론이 많다. 한국의 대표적 능력주의 시스템은 수능, 면접과 같은 시험일 테다. 이 시험에서 대단한 능력을 보여준 사람들이 과연 사회가 기대하는 능력, 요컨대 업무 역량, 대인 관계 능력 또한 갖추고 있을까? 사실 시험에서 측정할 수 있는 것은 업무에서 보여줄 수 있는 능력이 아니라 시험 자체를 잘 볼 수 있는 능력 아닌가?

개개인의 능력을 제대로 측정하지 못한다면, 우리 사회에 남아 있는 능력주의의 의의는 무엇일까? 양승훈 경남대학교 사회학과 교수는 한국에서의 능력주의를 '합격주의', 혹은 '시험주의'라고 부르기를 선호한다고 쓴 적 있다. 한국에서 시험이 능력을 제대로 측정하지 못함에도 불구하고, 시험제도에서 이득을 취하는 상위권의 사람들이 시험제도가 유지되기를 원한다는 것이다. 능력주의로 위장된 시험이 '공정함'을 포장하기에 좋기 때문이다. 만약 똑같은 실력을 가진 두 사람이 있다면, 밤늦게까지 아르바이트를 하며 직접 생활비를 충당하는 학생보다 가정환경이 풍족해 다른 걱정 없이 공부만 할 수 있는 학생이 시험을 잘 볼 확률이 높을 것이다. 즉, 시험은 실제 학업 능력을 평가하는 척도로 쓰이기에 불완전한 것이다. 그런데도 능력주의는 과연 공정하다고 볼 수 있을까?

마지막으로 앞의 모든 의문이 해결되어 능력을 정확하게 측정할 수 있는 사회가 만들어진다고 치자. 그렇다고 해도 본질적으로 '능력주의 자체가 옳은가?'라는 질문이 남는다. 능력주의가 옳다면 남들보다 일을 좀 더 못하는 사람들은 자연스럽게 남들보다 못한 대우를 받고 사는 사회가 건강한 사회란

말일까.

플루키노 교수의 연구는 이전에 수없이 나온 사회과학 분야의 연구에 더해, 이제는 물리학의 방법론마저 능력주의 신화에 이의를 제기하고 있음을 보여준다. 물리학이 사회학을 밀어낸다는 식의 이야기가 아니다. 물리학은 사회학 이론이 설명하기 힘든 현상을 설명해내고, 사회학은 시뮬레이션의 바깥에서 현실 세계의 동작을 자세히 관찰해 통찰을 이끌어낸다. 20세기 후반 뇌과학이 심리학을 포섭하고 서로에게 긍정적인 영향을 미친 것처럼, 통계물리학과 시뮬레이션 같은 물리학 방법론이 이제 사회과학 전반에 필수적인 요소로 자리잡으며 시너지를 일으키고 있다.

인터뷰 말미, 플루키노 교수는 내게 운과 재능 연구를 설명하면서 성공하기 위한 비결을 알려줬다. "제 제안은 행운을 얻으려면 가능한 많은 기회에 도전해봐야 한다는 겁니다. 이것이 성공을 얻을 수 있는 유일한 방법입니다." 내가 사는 잿빛 사각형 안에서 최대한 많은 초록색 점을 만나기 위해 꾸준히 주위를 둘러보고 움직여보란 뜻이다. 삶의 지혜가 쌓인 사람들은 자연히 알고 있을지도 모를 교훈이었다. 동시에 그는 개인이 아닌 사회가 할 수 있는 일에 관해서도 얘기했다. "사회는 실패한 사람들을 관대하게 대우해야 합니다. 그들은 재능 있지만 불운한 사람이거나, 아직까지 기회를 가지지 못한 사람일 수도 있지요." 내게는 이 이야기가 개인적 성공의 비결보다 더 중요하게 남았다. '실패자들에 대한 우리의 고정관념을 바꿔라. 힘들어하는 사람이 있다면 경시하지 말고, 따뜻하게 손 잡아주라.' 이것이 아마 그의 연구가 더 나은 사회를 위해 들려줄 수 있는 최고의 통찰일 것이다.

웃기려고 한 연구 아닙니다

이그노벨상을 받은 연구의 찬란한 목록을 읽다 보면, 가끔 '이렇게 중요한 연구가 왜 노벨상이 아니라 이그노벨상을 받았지?'라고 반문하게 되는 연구를 만난다. 플루키노 교수의 두 연구가 내겐 그랬다. 그의 연구는 방법론이 특이하고 그 결론이 사뭇 도발적이긴 했지만, 웃음과는 거리가 멀었다. 플루키노 교수 또한 인터뷰에서 "두 연구는 절대적으로 진지한" 의도에서 진행됐다고 말했다. "실제로 두 연구는 이그노벨상 위원회의 관심을 끌기 전부터 〈뉴욕 타임스〉, 〈사이언티픽 아메리칸〉 등 유수의 과학 매체에 소개됐습니다. 동료 연구자들도 우리의 작업을 높이 평가해줬죠." 물론 이그노벨상 수상이 그들의 마음에 들지 않았다는 말은 아니다. "우리 팀은 이그노벨상을 두 번이나 수상하게 되어 매우 기뻤습니다. 이그노벨상은 평소 일반인에게까지 알리기 힘든 과학자들의 연구 결과를 널리 소개하는 데 큰 도움을 줍니다. 저희 연구도 수상을 통해서 전 세계에 알려질 수 있었지요."

플루키노의 이그노벨상은 재능과 성공에 관해 다시 생각해보게 만든 이 연구의 의외성을 상찬하기 위해 주어진 것이 아닐까. 연구자가 의도한 바가 꼭 웃음이나 재미가 아니더라도, 이그노벨상의 설립 의도처럼 결국은 우리가 굳게 믿던 고정관념까지도 '다시 한 번 생각해보게 만드는' 연구이기 때문이다. 만약 그렇게 중요한 연구가 맞다면, 플루키노 교수의 연구는 이그노벨상이 아니라 더 대단한 상, 이를테면 노벨상이라도 받아야 했던 것 아닐까. 여기에 대한 답은 어쩌면 우리나라의 한 네티즌이 플루키노 교수의 연구 결과를 인용하면서 남긴 한마디처럼, 연구 자체에 들어 있을지도 모른다.

"재능은 있었지만, 운이 없었기 때문이죠."

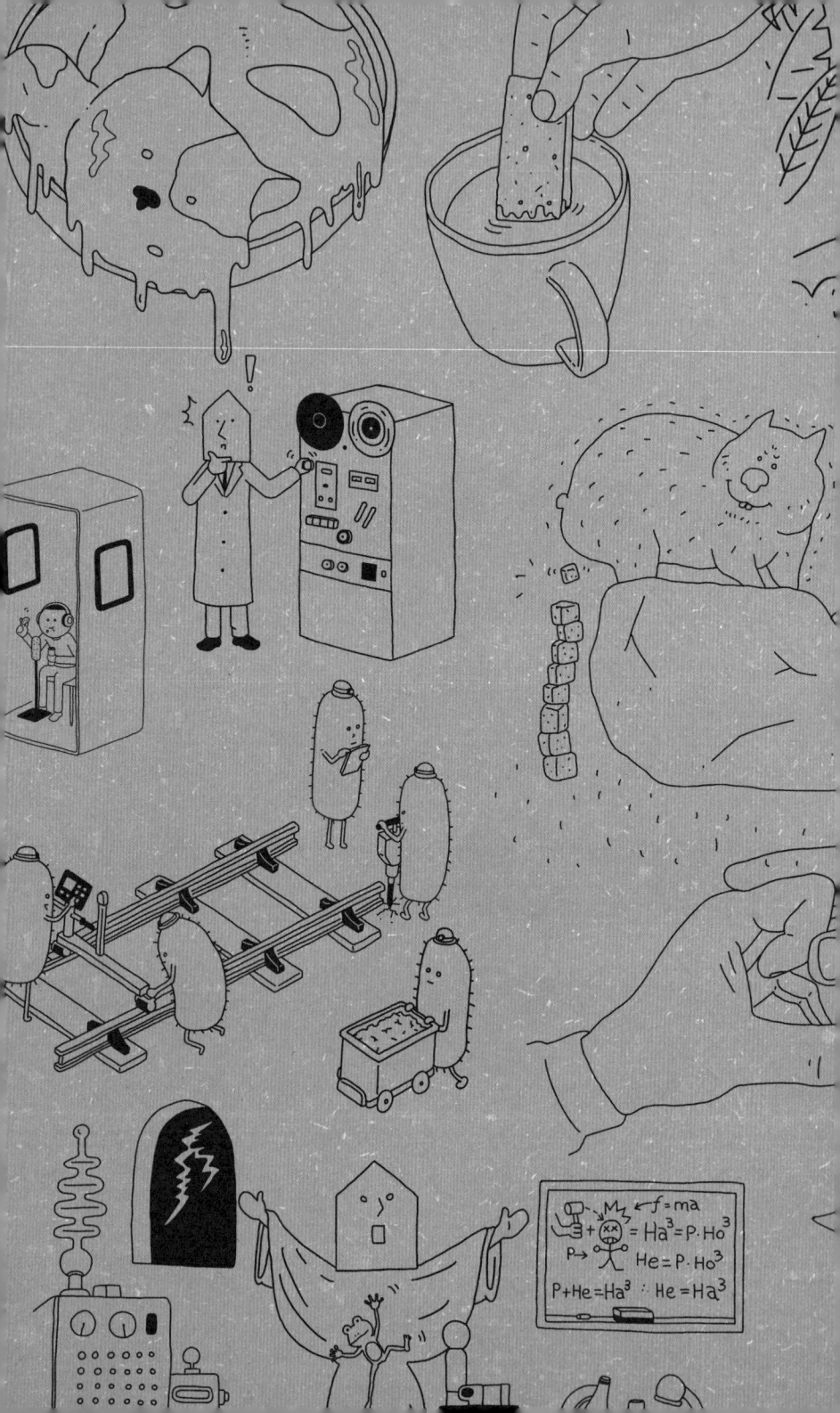

6

점균에게
전철 노선 설계를 맡겼더니

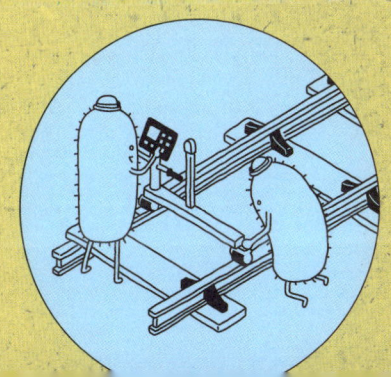

서울역, 강남역, 시청역, 신용산역, 신도림역…. 한 번이라도 거대도시 서울의 철도를 타본 적이 있는 사람이라면 눈이 휘둥그레질 만큼 복잡한 노선도 앞에서, 수많은 인파에 떠밀리며 고민에 빠져봤을 것이다. 무슨 노선을 타고 어느 역에서 환승해야 목적지에 빠르고 편하게 도착할 수 있을까?

내가 이 문제를 가장 심각하게 고민하는 때는 서초구에 있는 예술의전당에서 공연을 보고 집이 있는 마포구 상수역으로 돌아가는 밤이다. 3호선 남부터미널역에서 출발해 약수역에서 6호선으로 갈아타는 게 좋을까? 고속터미널역에서 9호선 급행을 타고 당산까지 가는 편이 나을까? 아예 버스로 사당역까지 이동한 뒤 4호선을 탈까? 스마트폰을 쥐고 머리를 싸내나가노 같은 시간 인천 부평역(부평역 지하상가는 지하공간에 가장 많은 점포가 입점한 곳으로 악명 높으며, 정신 차리지 않으면 1호선이 아닌 중고 옷 가게나 델리만쥬 가게 앞에 서 있는 자신을 발견할 수 있다)이나 도쿄 신주쿠역(다섯 개 철도회사의 11개 노선이 환승하는 역으로, 출입구 수만 200개에 달한다), 뉴욕 타임스스퀘어 42번가역(1년에 대한민국 인구보다 더 많은 6400만 명이 이용하는, 복잡하기로 둘째가라면 서러운 역)에서 비슷한 고민을 하는 사람들이 세계에 수십 명은 있으리라 생각하면 마음이 편해진다. 도시란 미궁은 언제나 방랑자를 만들게 마련이다.

노선도는 왜 이렇게 복잡한 걸까? 방랑자만 이런 생각을 하는 것은 아니다. 노선을 짜는 설계자도 같은 고민을 하게 마련이다. 어느 날 당신에게 신규 노선을 설계하라는 프로젝트가 떨어졌다고 가정해보자. 서울이든 부산이든 어디든 상관없다. 어떤 방식으로 새 노선을 깔아야 최대한 효율적으로 사람과 물자를 수송할 수 있을까.

일본의 한 연구팀은 노선 설계를 인간이 아닌 생물에게 맡긴다는 다소 황당한 발상으로 이그노벨상을 받았다. 그 생물의 이름은 '황색망사점균*Physarum polycephalum*'이다. 장난 같다고? 이들의 연구는 '지능'이 무엇인지에 대한 연구에 혁명을 일으켰다.

살면서 만날 수 있는 가장 이상한 생명체

축축한 숲속을 거닐다 보면, 가끔 썩은 나무둥치나 물기가 채 마르지 않은 돌 위에 그려진 샛노란 자국을 발견할 수 있다. 이들은 '황색망사점균' 혹은 '황색망사먼지'라 불리는 생명체다. 겉모습만 보고 이들을 곰팡이나 지의류* 정도로 오해하면 안 된다. 숲 바닥에서는 썩어가는 나뭇잎에 자란 곰팡이나 버섯을, 실험실에서는 연구자가 주는 귀리 조각을 먹으며 자라는 이 생물은 아마도 여러분이 살면서 만날 수 있는 가장 이상한 생명체일 것이다. 이렇게 주장하는 데엔 적어도 네 가지 이유가 있다.

이유 1 우선 생긴 모습이 이상하다. 정확히는 '일정한 형태'가 없다고 표현하는 것이 맞다. 황색망사점균은 자신이 찾는 먹이의 위치에 따라 몸을 마음대로 확대하거나 축소할 수 있기 때문이다. 만약 여러분이 숲속에서 황색망사점균을 좀 더 가까이 들여다볼 기회가 있다면, 나뭇가지가 뻗어나가는 모양으로 나무의 표면을 덮은 노란색 튜브의 모습을 관찰할

* 균류와 조류가 공생하는 복합 유기체다. 북극 사막, 화산암과 같은 극한 환경에서도 자라는 특징을 가지며 광범위한 서식지에서 발견된다. 등산하다 돌 위에 낀 초록색 각질 같은 걸 봤다면 십중팔구 지의류를 본 것이다.

왼쪽은 썩은 나무에서 자라는 황색망사점균의 모습. 오른쪽은 포자를 만든 모습.
ⓒShutterstock

수 있을 것이다.

 이 노란 튜브는 황색망사점균의 생활사에서 '변형체'라고 불리는 시기의 모습이다. 이 튜브는 실제로 움직인다. 사람이 손을 뻗어 탁자 위 빵을 움켜쥐듯, 이들은 아메바처럼 자신의 몸 일부를 뻗어 먹이에 도달한다. 동작이 빠르진 않지만 그렇게 느리지도 않아서 황색망사점균은 최대 시속 4센티미터의 속도로 움직일 수 있다(삼각대에 카메라를 설치하고 점균을 고속촬영한다면, 미세한 노란 튜브들이 나무둥치에서 버섯을 향해 점점 부채처럼 퍼져나가는 모습을 관찰할 수 있을 것이다). 이렇게 확장된 부분을 가짜 발이라는 뜻의 '위족僞足'이라 부른다. 위족은 먹이와 닿으면 먹이를 삼키고 소화효소를 분비해 영양분을 흡수한다. 위족 내부에는 세포액이 흐르는데, 황색망사점균은 일정하게 진동하면서 세포액을 몸 곳곳으로 흘려보낸다. 위족이 위치한 한쪽 끝에서 흡수된 영양분은 세포액의 흐름을 따라 반대편 구석까지 고르게 전달된다.

현란하고 복잡하며 수지상으로 갈라져 뻗어가는 생명체, 형체 없이 조금씩 진동하며 양분을 섭취하는 노란 생명체라니, 황홀하면서도 무섭지 않은가? 이 변형체는 영양분만 풍부하다면 1미터 가까이 되는 크기까지 퍼져서 자랄 수 있는데, 심지어 이들은 단세포생물이다. 나무둥치를 둘러싼 거대한 노란 덩어리가 여러 개의 핵을 가진 세포 '하나'로 이루어져 있다.

그러니 황색망사점균이 호러 영화의 소재가 되는 것도 무리는 아니다. 황색망사점균의 가장 유명한 별명 중 하나는 1958년 개봉한 미국의 고전 호러 영화 〈더 블롭The Blob〉에서 따온 '블롭'이다. 우주에서 온 산성 슬라임 괴물이 닥치는 대로 사람을 녹여 삼킨다는 내용의 이 영화는 이후 수많은 유사 B급 호러 영화를 양산했다. 이런 영화에 나오는 슬라임들이 하는 짓은 (사람을 녹여 먹는 점만 빼면) 황색망사점균과 판박이다.

이유 2 더 이상한 건 이들의 섹스다. 이건 정말로 이상하다. 황색망사점균이 무려 "720가지의 성별을 가지고 있다"고 알려졌기 때문이다. (720가지? 얘네 도대체 데이트는 어떻게 하나?) 이 말은 오해의 소지가 있을 수도 있으니 제대로 알아보려면 이들의 생활사를 간단히 살펴봐야 한다.

곰팡이와 귀리를 먹으며 평화롭게 살던 황색망사점균 변형체는 식량이 부족해지거나 건조해지는 등 살기에 나쁜 상황이 되면 포자낭을 만들어 포자를 퍼뜨린다. 이 포자에서 나온 세포들은 마치 인간의 정자나 난자처럼 염색체를 한 세트만 가지고 있는 '반수체' 세포다. 반수체 세포는 혼자 살아가다 다른 황색망사점균의 반수체 세포를 만나면 결합해 다시 변형체를 만든다. 인간의 정자와 난자가 결합해 사람이 만들어지면서 생활사의 한 주기가 완성되듯이, 황색망사점균은 반수체 세포 둘이 만나 다시 변형체를 만들면서 한 바퀴의 생활사 주기를 완성한다.

인간에게 여성과 남성이란 두 가지 성이 있듯, 황색망사점균을 포함한 많은 균류와 단세포생물에게는 비슷한 역할을 하는 '교배형'이 존재한다. 이들은 성별에 따라 겉모습이 뚜렷하게 구분되지 않는 대신, 이 교배형의 차이로 교배할 대상을 찾을 수 있다. 이때 교배형을 결정하는 것은 유전자다. 황색망사점균은 matA, matB, matC라는 세 개의 유전자 자리에 어떤 유전자가 들어가는지에 따라 교배형이 정해진다. 재밌는 점은 matA에는 16가지, matB에는 15가지, matC에는 3가지의 유전자가 들어갈 수 있다는 것이다. 16×15×3이라는 유전자 조합에 의해 황색망사점균은 720가지 종류의 교배형이 만들어질 수 있다. 이것이 황색망사점균을 다루는 글에서 가끔씩 "황색망사점균의 성별이 720개가 넘는다"고 표현하는 이유다. 교배형이 인간의 성별과 완벽히 동치되는 개념은 아니니 정확히 맞는 표현이라고는 볼 수 없지만, 확실히 놀라운 숫자이긴 하다. 하여튼 황색망사점균이 틴더 같은 데이팅 앱에서 동성을 만나게 될 확률은 거의 없다고 할 수 있겠다.

이유 3 그래서 이들의 생물학적 분류가 이상하다. '블롭'이란 별명이 붙을 만큼 별난 특징을 가지고 있다 보니, 학자들도 점균류를 계통학의 어느 서랍 칸에다 분류해야 할지 한동안(실은 지금도) 골머리를 앓았다. 19세기 말의 분류학자들은 점균류를 비슷한 환경에서 비슷한 모습으로 살아가는 균류로 분류했다. 겉모습도 그렇고, 포자를 만들어 번식한다는 점도 곰팡이와 닮아 있었기 때문이다.

이후 유전체 분석 기술이 등장하면서 점균류는 균류에서 원생생물로, 그중에서도 아메바류에 속하는 것으로 재배치됐다. 생각해보면 이들이 꿈틀거리며 균류와 다른 먹이를 빨아들이는 단세포생물이라는 점은 아메바와 닮기도 했다. 물론 모든 기준에 딱 들어맞게 분류가 완료된 건 아니다. 이들이 원생생물에 포함된 것만 봐도 그렇다. 원생생물은 동물·식물·균류가 아닌 그 외의 모든 진핵생물을 포함하는 분류군을 뜻한다. 즉 원생생물은 하나의 고유한 계통이라기보단 동식물처럼 명확히 분류할 수 없는 나머지 진핵생물을 편의상 하나로 쓸어 담은 일종의 책상 서랍, 혹은 카펫 밑과 비슷하다. 심지어 이 과정에서 '점균류'라는 표현 자체도 매우 모호하다는 점이 드러났다. 여러 점균류의 유전체를 분석해보니, 겉모습이나 생활사만 유사할 뿐 진화적 기원은 전혀 다른 생물이 섞여 있었던 것이다. 이제 점균류는 여러 독립된 다양한 생물들을 묶은 비공식적인 표현으로 쓰이고 있다. 오랜 연구 끝에 "점균은 존재하지 않는다"라는 결말을 맞은 셈이다.

세상에, 더 자세히 이야기하면 머리가 너무 복잡해질 테니 이렇게만 정리하자. 우리가 이 글에서 다루는 황색망사점균은 아메바계에 속하는 단세포 진핵생물인 '변형체성 점균류 plasmodial slime mold'로 분류된다고.

이유 4 그러니까 정리하면, 황색망사점균은 단세포생물이고, 720가지의 교배형을 가지고 있고, 어렵지 않게 주변에서 볼 수 있는데도 우리는 어떤 생물인지 제대로 분류도 못 하고 있다. 하지만 황색망사점균에 관한 가장 놀라운 점은, 단세포생물인 이들이 지능을 가지고 있는 듯 행동한다는 것이다. 말도 통하지 않는 황색망사점균의 지능을 어떤 방법으로 알아냈을까? 점균에게 미로 문제를 풀도록 시켜서다.

황색망사점균으로 미로 문제 풀기

황색망사점균은 이미 1980년대 생물학 연구실에서 컬트적 인기를 끈 바 있다. 스스로 움직이는 데다 키우기도 쉬운 거대한 단세포생물이라 세포생물학 연구자들이 세포의 주기와 분화, 이동 능력을 연구하기에 적당한 대상이었기 때문이다. 이후 동물세포 배양 기술이 발전해 연구자들의 관심이 동물세포에 집중되면서 황색망사점균은 연구실에서 밀려났다. 그렇게 점점 잊혀가던 황색망사점균에서 새로운 가능성을 본 사람이 당시 일본 이화학연구소RIKEN에서 일하던 생물학자 나카가키 토시유키中垣俊之였다. 그는 황색망사점균의 이동 능력을 좀 다른 방식으로 실험해보기로 했다. 만약 먹이까지 도달할 수 있는 경로가 여러 개 있다면, 이 친구들은 짧고 효율적인 최적 경로를 찾을 수 있을까?

이를 위해서 나카가키 연구팀은 점균을 위한 가로세로 4센티미터 크기의 작은 미로를 준비했다. 널찍한 한천판 위에 플라스틱 벽을 쌓는 방식으로 만든 미로였다. 그리고 미로의 한쪽 구석에는 황색망사점균을, 다른 구석에는 먹이인 귀리 조각을 두고 점균으로 하여금 먹이를 찾게 만들었다.

자신이 미궁에 갇힌 '원생생물판 테세우스'가 되었다는 점을 알 길이 없는 점균은 미로를 따라 노란 위족 여러 개를 뻗쳐 나갔다. 그리고 마침내 수많은 위족 중 한 부분이 귀리를 만나자 귀리와 연결된 위족만 남기고 다른 부분을 거둬들였다. 황색망사점균의 모체와 먹이가 길쭉한 위족으로 이어진 것이다.

여기서 재미있는 현상이 일어났다. 연구팀은 미로에서 점균이 귀리 조각과 만날 수 있는 경로를 여러 개 만들었다. 그런데 점균은 거의 항상 긴 길이 아니라 짧은 길의 경로를 선택했다. 19번의 실험 중 17번이나 말이다. 황색망사점균이 미로에서 영양분을 더 소모하는 먼 거리 대신 최단 거리를 찾을 수 있다는 의미였다. 황색망사점균이 먹이를 찾고자 뻗은 위족을 유지하는 데에는 영양분과 에너지가 소모된다. 그러니 먹이가 없는 쪽의 위족은 거둬들이고, 이왕이면 영양분을 덜 쓰는 최적의 경로를 택해 위족을 뻗는 것이 점균의 생존에 도움이 된다.

점균은 어떻게 최적 경로를 알아냈을까. 점균이 수축하면서 만드는 위족의 진동이 포인트였다. 위족의 수축 빈도는 음식과 닿는 부분에서 증가했고, 음식이 없는 부위에서는 줄어들었다. 수축 빈도가 증가한 위족과 그 주변은 이 수축에 영향을 받아 더 굵어졌다. 반대로 음식이 없는 부위는 수축 빈도가 약해지며 위족도 점점 없어졌다. 황색망사점균은 단순한 메커니즘으로 최적화 문제를 풀어낸 것이다.

나카가키 연구팀은 2000년 〈네이처〉에 이 연구 결과를 발표했다. 한 쪽가량 되는 짧은 논문은 "이 놀라운 세포의 계산 과정은 세포질이 원시적인 지능을 보일 수 있음을 의미한다"

2008년 인지과학상

미로에서 길을 찾는 점균

수상자 나카가키 토시유키 외 다섯 명

연구 방법

❶ 황색망사점균을 미로의 한구석에 풀어주고, 다른 구석에 귀리 조각을 두었다. 그러자 점균은 위족을 미로 전체로 뻗어 먹이인 귀리 조각을 찾았다.

❷ 먹이를 찾은 황색망사점균은 이후 필요 없는 위족을 거둬들였다. 이때, 먼 거리를 돌아가는 경로(α1)의 위족은 거둬들이고, 최단 거리로 이어지는 경로(α2)의 위족만 남겼다. 연구팀은 '황색망사점균이 최단 거리를 찾는 지능이 있다'고 해석했다.

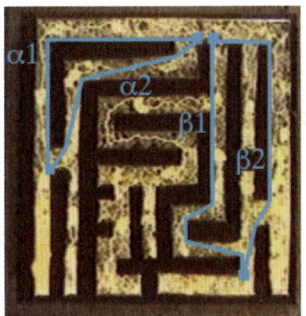 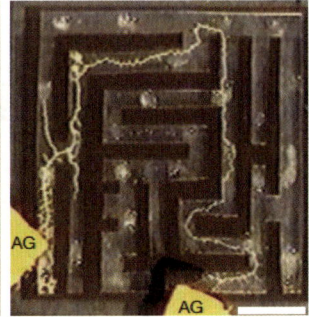

라는 도발적인 문장으로 끝맺었다. 뇌도 없고, 하다못해 신경세포도 없는 단세포생물이 지능이 있다? 생물학자들에게 논란을 불러일으킬 만한 주장이었다. 실제로 이 연구에 관해 첨언한 다른 학자들은 황색망사점균이 "최적화의 환상적인 사례"를 보여줬다거나 "정보처리를 위해 뉴런이 필요하지 않다"고 설명했지만, '지능이 있다'고 표현하는 것은 조심스러워했다. 나카가키 연구팀이 더 섬세한 방법으로 이들의 최적화 능력을 증명할 차례였다. 점균이 보여준 최적화 능력은 그들의 생존은 물론 다른 분야에서도 광범위하게 쓰일 수 있기 때문이다. 그 중요한 예가 바로 전철 노선도이다.

자, 다시 전철 노선도로 돌아와서 당신이 수도 외곽에 지어질 신도시 몇 개를 연결하는 신규 전철 노선을 짜는 업무에 투입됐다고 가정해보자. 현실에서 당신을 괴롭힐 실제적 문제들(편두통이 올 때까지 당신을 채근하는 상사, 화강암 암반은 발파하기 어렵다고 불평하는 건설 현장 인부들, 자기 집 앞으로 역이 지나가지 않는다고 시위하는 주민들까지)은 빼놓고, 이상적인 문제만 생각하는 거다. 우선 당신은 전철 노선이 필요한 지역의 수요예측부터 시작해야 한다. 어디에 사람들이 많이 사는가? 이들은 어느 시간에 어디로 출퇴근하는가? 연계되는 다른 교통수단이 있는가? 인구 분포는 물론 토지 이용 현황, 교통량을 조사해 전철역을 세울 부지를 정해야 한다.

역을 세울 곳이 정해지면 이제 이 역들을 어떻게 잇느냐의 문제가 생긴다. 역 사이의 경로는 무엇을 목표로 하느냐에 따라 여러 방식으로 이을 수 있다. 돈을 아끼고 싶다면 가장 짧은 경로로 최소한의 선로만 깔면 된다. 대신 승객은 직선거리로는 가까운 곳을 전철로 빙 돌아간다거나, 사람으로 미어터지는 열차를 타야 하는 불편을 감수해야 한다. 반대로 모든 신도시의 역들을 개별 역마다 선로로 연결할 수도 있다. 그러면 어떤 역에서든 다른 역으로 한 번에 갈 수 있으니 승객의 편의는 극대화될 것이다(신도시의 시장들도 만족할 것이다). 물론 현실에서 이런 일은 거의 일어나지 않는다. 노선을 깔고 유지하는 비용이 엄청나, 적자가 눈더미처럼 불어날 게 자명하기 때문이다.

보통은 물리학, 컴퓨터과학, 수학 분야에서 개발한 알고리즘을 활용하는 이 문제를, 나카가키 연구팀은 황색망사점균을 이용해 풀어보기로 했다. 황색망사점균이 미로를 찾는 능력, 즉 최단 거리를 찾는 능력으로 노선도를 효율적으로 짜주지 않을까? 연구팀의 분석 대상은 일본 도쿄 근교의 전철 노선도였다. 연구팀은 우선 도쿄만 일대의 지도를 축소해 그린 후, 도쿄 주변 36개 도시의 위치에 귀리 조각을 얹었다. 다음으로 산이나 호수 등 철도가 지날 수 없는 지형은 황색망사점균도 지날 수 없도록 점균이 싫어하는 빛을 비추었다. 이후 도쿄에

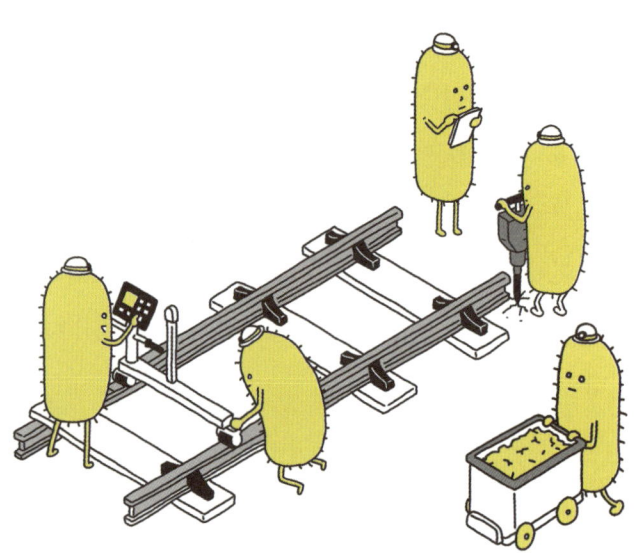

황색망사점균을 풀어주자 점균은 26시간 동안 도쿄 주변으로 서서히 노란 위족을 뻗어나가기 시작했다…. 마치 B급 호러 영화의 한 장면처럼.

그렇게 만들어진 황색망사점균의 노란 '노선'은 실제 도쿄 근교의 전철 노선과 놀라울 정도로 비슷했다. 여러 번 실험을 반복하니 실제와는 다른 형태의 노선도 만들어졌다. 연구팀이 노선의 효율성을 계산하는 공식을 실제 노선과 점균 노선에 도입해 비교해보니, 두 노선의 효율이 비슷한 것으로 드러났다. 심지어 특정 부분에서는 점균이 만든 노선의 효율성이 더 높기도 했다. 나카가키 연구팀은 이 결과를 보여주며, 황색망사점균의 행동 패턴을 컴퓨터 모델로 시뮬레이션하거나 시뮬레이션을 개선하는 데 쓸 수 있다면 더 나은 교통망 설계에 도움이 될 수 있다고 주장했다. 인간이 점균에게서 배울 점이 있다는 것이다.

뇌가 없는 단세포생물이 JR(일본 철도)그룹의 공학자들만큼이나 철도 노선을 효율적으로 설계할 수 있다니. 나카가키 토시유키가 참여한 두 점균 연구(미로 문제 해결과 노선 설계)는 각각 2008년 이그노벨 인지과학상, 2010년 이그노벨 운송계획상을 수상했다. 더 놀라운 일은 이그노벨상 수상 이후에 벌어졌다. 두 연구를 기점으로 황색망사점균 연구가 점점 늘어나기 시작한 것이다.

점균으로 컴퓨터를 만들 수 있을까

여러 전철역(노드)을 목표에 따라 최적의 노선(링크)으로 잇는 네트워크를 만들고 분석하는 것. 이 문제는 교통공학은 물론 수학, 복잡계 물리학, 컴퓨터과학까지 다양한 분야에서 '네트워크 이론'이라는 이름으로 다뤄지는 문제다. 그 사례도 '북미 대륙 어디에 허브 공항을 설치하면 가장 수익성이 높은 항공사를 운영할 수 있을까'부터 '코로나19 바이러스는 어떤 경로를 통해 1년 만에 전 세계를 휩쓸었을까', '인스타에서 마음에 드는 사람을 봤는데 어떻게 하면 잘해볼 수 있을까'까지 다양하다.

네트워크 연구자들이 보기에 먹이를 찾아 위족을 뻗고, 필요 없는 부분은 거둬들이고 필요한 부분은 강화하는 황색망사점균의 행동은 효율적인 네트워크를 만드는 작업을 현실 세계에서 실험하는 것과 비슷했다. 그렇다면 황색망사점균의 행동을 더 복잡하거나 어려운 문제에 적용할 수 있지 않을까. 나카가키 팀의 연구 이후로 황색망사점균의 행동을 비슷하게 응용하려는 연구가 잇따라 나왔다. 도쿄 대신 런던 주변의 고속도로망 건설을 황색망사점균에게 맡기거나, 발칸반도를 통과하는 효율적인 도로를 시뮬레이션해 실제로 그 자리에 고대 로마인들이 건설한 도로가 있는지 찾아보거나, 신도시 설계를 구상하기 위해 황색망사점균을 자문역으로 채용한 것이다. 그러나 황색망사점균을 둘러싼 여러 시도 중에서도 가장 미친 소리처럼 들리는 이야기는 영국 웨스트잉글랜드대학교의 한 컴퓨터학자가 진행한 '황색망사점균 컴퓨터'다.

앤드루 아다마츠키Andrew Adamatzky의 연구 분야는 '비전통적 컴퓨팅unconventional computing'이다. 비전통적 컴퓨팅은 우리가 사용하는 실리콘칩 기반의 기계 대신 다른 소재나 방식을 이용해 연산 처리를 할 수 있다는 생각을 일컫는다. 지금의 컴퓨터가 게임도 돌리고 유튜브도 돌리고 웬만한 작업은 잘 수행해준다만, 사실 이론상으로 실리콘칩 기반 컴퓨터의 에너지 효율은 엄청 낮다. 패턴 인식이나 생성형 AI 같은 특정 작업의 연산을 수행하려면 엄청난 양의 에너지를 써야 한다. 그 에너지를 생산하는 데는 많은 자원이 필요할 뿐만 아니라 연산 후에도 엄청난 열을 뿜어낸다. 챗GPT 같은 AI가 등장한 이후로 'AI가 전력을 엄청나게 소모한다'는 걱정이 나타나는 이유가 여기에 있다.

비전통적 컴퓨팅은 기존의 컴퓨터와 전혀 다른 방식의 연산 방식을 사용하는 컴퓨터를 만들면 기존 컴퓨터가 풀기 어려운 문제를 더 효율적으로 풀고, 그에 따라 전력 문제 등을 해결할 수 있다는 발상이다. 현재 나온 대표적인 비전통적 컴퓨팅의 예시 중 하나가 '양자 컴퓨터'다. 양자역학적 원리를 이용해 동시에 연산을 진행하면 기존 컴퓨터로 수백만 년이 걸리는 문제를 훨씬 빠르게 풀 수 있을지도 모른다는 거다.

비전통적 컴퓨팅은 종류나 분야에 따라 매우 광범위하다. 양자 컴퓨터가 여러분이 한 번쯤 들어봤을 정도로 대중적이고 IBM과 구글이 천문학적 돈을 쏟아부어 연구할 만큼 유망한 분야라면 '당구공, 도미노, 심지어는 게의 한 종류인 병정게를 이용해 연산 논리를 구현한다'는 농담처럼 들리는 아이디어도 있다.

병정게를 비롯해 괴기하게 참신한 재료를 사용해서 연산의 가능성을 점쳐온 아다마츠키 교수가 컴퓨터를 만들기 위해 고른 다음 재료가 바로 황색망사점균이었다. 황색망사점균의 위족이 만든 복잡한 네트워크를 마치 실리콘 기판 위의 전선처럼 사용해 살아 있는 계산기로 사용하겠다는 계획이었다. 내부로 세포액이 흐르는 황색망사점균의 위족은 전기가 통하는 도체다. 황색망사점균을 기존의 컴퓨터와 결합하는 '살아 있는 전선'으로 쓸 수도 있다는 의미다. 이에 아다마츠키 교수가 '바이오컴퓨터'를 개발하기 위한 생체 재료로 깊은 관심을 가진 다음 생물이 황색망사점균이었다.

점균으로 여러 도체를 연결할 수 있다면 논리회로를 만드는 것도 가능해 보였다. 논리회로는 0과 1이라는 이진법 형태의 데이터를 받아 연산을 수행해 출력값을 내놓는다. 다양한 종류의 논리회로를 만들 수 있다면 이론적으로 컴퓨터를 만드는 것도 가능하다. 2016년 아다마츠키 교수 연구팀은 황색망사점균을 귀리로 유혹하고 빛으로 억제해서, 논리회로를 만들어냈다. 이 논리회로는 일반 컴퓨터와는 달리 환경 자극을 주면 몇 분 만에 생체 전기신호로 반응을 보인다고도 발표했다.

그렇다면 정말 언젠가는 우리가 '점균 컴퓨터'를 쓸 수 있을까. 아직은 큰 가능성은 없어 보인다. 아다마츠키 교수는 이후 점균 컴퓨팅의 가능성을 타진한 연구서를 두어 권 발표했지만, 그렇다고 실용적인 점균 컴퓨터가 만들어지지는 못했다. 그의 연구 방향은 실용적인 점균 컴퓨터 개발보다는 다양한 소재로 비전통적 컴퓨팅의 가능성을 탐색하는 데 있어 보인다. 아다마츠키를 포함한 비전통적 컴퓨팅 연구자들은 점균 이후로도 버섯의 균사처럼 복잡한 네트워크를 만드는 생물들을 컴퓨팅 재료로 탐색했다. 실제로 점균의 노란 위족에 덮인 컴퓨터 기판을 상상하자면, 아다마츠키의 연구는 실용성보다는 오히려 희미한 가능성과 예술의 접점에 있는 것이 아닐까 하는 생각도 든다.

그러나 바이오컴퓨터라는 비전통적 컴퓨팅은 다른 방향에서 현실이 됐다. 실용화의 가능성을 열어준 건 다름 아닌 뇌세포였다. 2025년 3월, 호주의 스타트업 코티컬랩스Cortical Labs가 뇌세포로 만든 세계 최초의 상용화 바이오컴퓨터 'CL1'을 출시한다고 발표한 것이다. 코티컬랩스는 이미 2023년, 생쥐의 뇌세포를 회로 삼아 만든 바이오컴퓨터가 고전 컴퓨터 게임인 '퐁'을 플레이하도록 학습하는 데 성공했다는 연구를 발표한 바 있다. 그리고 그때의 기술을 갈고닦아 생물 연구 등에 활용할 수 있는 바이오컴퓨터를 개발하는 데 성공했다.

점균에서 뇌세포로 이어지는 복잡한 네트워크와, 이 네트워크를 조작해 계산에 활용하겠다는 응용 연구들은 결국 황색망사점균을 둘러싼 가장 핵심적인 질문을 건드린다. 그것은 바로 '지능'이다. 지능은 무엇일까? 지능은 어디에서 비롯되는 걸까? 황색망사점균은 지능을 가진 존재일까?

점균이 던지는 질문, 지능이란 무엇일까

미로를 헤매며 귀리 조각을 찾은 지 25년이 지난 지금, 황색망사점균은 점균류를 대표하는 스타로 올라섰다. 황색망사점균은 2019년 10월 파리동물원의 관람객 앞에 전시되었다(털도 없고 눈도 없는 생물치고는 파격적이다). 2021년에는 유럽우주국$_{ESA}$에서 실험 생물로 선정해 국제우주정거장$_{ISS}$에 보내면서 우주에도 데뷔했다.

그사이 황색망사점균에 관한 많은 연구가 이뤄졌다. 2015년, 프랑스 연구팀은 황색망사점균에게 학습한 내용을 전달하는 능력이 있다는 사실을 밝혀냈다. 연구팀은 황색망사점균이 먹이에 도달하기 위해서 소금이나 카페인 같은 물질을 건너가는 상황을 만들었다. 이 물질은 독성은 없지만 점균이 평소에 좋아하는 물질도 아니었는데, 실험실의 점균은 먹이로 접근하면서 이 물질에 독성이 없다는 사실을 알아냈다. 이후 연구팀은 소금에 독성이 없다는 사실을 학습한 점균을 소금을 접해본 적이 없는 점균 개체와 섞어주었다. 실험 결과, 소금을 접해본 적이 없는 점균 개체도 소금을 피하지 않고 빠르게 먹이를 향해 움직였다. '소금은 독이 없다'는 학습 내용이 한 점균 개체에서 다른 점균 개체로 전달된 것이다. 여러 목적지를 들렀다 출발점으로 돌아올 때 가장 효율적인 경로를 찾는 '외판원 순회 문제' 같은 네트워크 과학의 문제를 푸는 데 황색망사점균을 실용적으로 응용하려는 연구 또한 꾸준히 나오고 있다.

확실히 황색망사점균은 이그노벨상을 기점으로 과학자들에게 새롭게 발견되었다. 2000년대가 지나 세포생물학자들이 떠난 자리에 점균을 연구하러 돌아온 사람들은 생물의 지능을 이해하고 응용하기 위한 비전통적 생물학자, 물리학자, 컴퓨터과학자들로, 나카가키 토시유키의 연구를 훨씬 확장해 황색망사점균의 잠재력을 발견해내고 있다. 이들에게 황색망사점균이 보여준 가장 중요한 통찰은, '지능'이란 무엇인지 다시 생각해보게 만들었다는 점이다.

미국심리학회APA는 지능을 "정보를 도출하고, 경험을 통해 배우고, 환경에 적응하고, 사고와 이성을 이해하고 올바르게 활용하는 능력"으로 정의한다. 그러나 우리는 보통 '지능'이란 단어를 인간, 혹은 우리와 비슷하게 생긴 영장류 친척들에게 국한해 나타나는 현상이라 가정한다. 사실 지능을 연구했던 초기 생물학자들의 생각도 크게 다르지 않았다. 지능 연구가 주로 침팬지를 대상으로 이뤄진 이유다. 그럼에도 최근 학자들 사이에서는 지금까지 논의되어온 지능이란 개념이 지극히 인간 중심적이며, 생물마다 다른 방식의 지능을 가지고 있음을 연구해야 한다는 의견이 커지고 있다. 예를 들어 까마귀를 비롯한 몇몇 조류에게서 도구를 만드는 능력, 수를 세는 능력이 관찰됐다. 문어도 연구 대상이다. 인간과 전혀 다른 형태의 분산된 신경계를 가지고 있는데도 기억 능력 등 고차원의 두뇌 활동을 할 수 있음이 드러났기 때문이다. 심지어 최근엔 물고기가 '거울 검사'를 통과해 자아를 인식할 수 있다는 증거가 쌓였고, 꿀벌에게서 수를 세는 능력이 발견됐다는 연구도 나왔다.

그리고 그런 생각의 최전선에 황색망사점균이 있다. 신경계가 없는 단세포생물이지만, 미로를 찾고 최단 거리의 길을 가로지르며 소금에 독성이 없다는 사실을 학습하는 능력을 지능이 아니면 뭐라고 불러야 한다는 말인가? 황색망사점균 연구자인 마이클 레빈Michael Levin은 점균이 "다양한 형태의 지능에 관한 통찰력을 제공한다"고 말한다. "완전히 이질적인 형태의 몸을 가지고, 인간과 매우 다른 방식으로 살지만, 우리는 점균과 무언가를 공유합니다. 그것은 우리가 사는 세상을 지도로 만들고, 결정을 내리고, 좋아하는 일을 하려 노력하는 능력입니다." 황색망사점균은 인간이 지능이란 개념을 너무 편협하게 대해왔다는 증거다.

이 노랗고 끈적거리는 생명체가, 지능에 관한 우리의 이해를 바꾸고 있다.

7

모든 말에는 의미가 있다,
욕설까지도

"악! 씨발!"

새벽에 화장실에 가다 책상다리에 엄지발가락을 찧었다. 곧바로 어두운 마룻바닥을 뒹굴었다. 한참을 냉장고 옆에 쓰러져 오른발을 부여잡고 문질러야 했다. 눈물이 쏙 빠질 정도로 아팠다. 밤새 글이라도 쓰다 잤으면 억울하지라도 않을걸. 이불 속에서 한 시간여를 인스타그램 릴스를 들여다보다 일어난 일이라 어디에 하소연하기도 창피하다. 부러지진 않았겠지? 내일 멀리 취재 나가서 많이 걸을 텐데 괜찮겠지? 다행히 별 이상은 없는 것 같다. 불 꺼진 마루에 누워 냉장고의 윙윙대는 소음을 들으며 엄지발가락을 쓰다듬다 보니 궁금해진다. 왜 사람은 아프면 욕이 튀어나올까?

국립국어원 표준국어대사전에 따르면 욕설은 '남의 인격을 무시하는 모욕적인 말, 또는 남을 저주하는 말'을 뜻한다.

그러나 초등학생부터 직장인, 교수, 정치인, 노인 가릴 것 없이 욕을 하지 않고 사는 사람은 없다. 여러 연구에 의하면 사람들이 하루에 쓰는 단어의 평균 0.3~0.7퍼센트, 즉 60~90단어가 욕설이라고 한다. 결코 적은 숫자가 아니지만, 한동안 욕설은 언어학의 가장 수수께끼 같은 구역 중 하나였다. 오랜 기간 언어학자들이 욕설을 본체만체했기 때문이다. 예를 들어 1944년 만들어진 '표준단어 사용 빈도 목록'은 자주 쓰이는 영단어를 빈도순으로 정리했는데, 1800만 가지 단어 중 비속어는 'shit(똥!)'이 유일할 정도였다. 그럴 만도 했던 것이, 이 목록의 바탕이 된 소설과 잡지들은 고상한 언어를 토대로 만들어졌기 때문이다. 어쩌면 언어학자들은 거칠고 상스러운 언중이 사용하는 '거리의 언어'가 자신들의 고고한 평판과는 영 어울리지 않는다고 생각한 걸까? 하기야 5000년 전 유라시아의 스텝 지대에서 일어난 인도유럽어족의 분화나 15세기부터 17세기까지 나타난 중세 유럽의 대모음 추이 등은 대단한 사건처럼 들리나(솔직히 16세기 영어 사용자들이 갑자기 다 같이 발음과 철자법에 혼란을 느껴서 아무렇게나 말하게 된다는 건 꽤나 흥미진진하다), 아무래도 shit 같은 욕의 어원을 찾는 일은 좀 맥 빠지게 들리는 건 사실이니까.

그러나 욕설은 언어학은 물론 다양한 분야에서 연구된 재밌는 주제다. 우선 욕설은 다채롭다. 책의 격을 떨어뜨리지 않기 위해 여기에 다 쓰지는 못하겠지만, 욕설의 종류는 열대우림에서 발견되는 딱정벌레만큼 다양하다. 세계의 수많은 언어에서 나타나는 욕설의 기원을 찾다 보면 인류가 남을 모욕하는 데 쓴 창의성의 반의반만이라도 다른 곳에 썼으면 지구가 더 나은 곳이 되지 않았을까 하는 생각이 들 정도다. 욕설이 이렇게 다양한 만큼 분류하기도 까다롭다. 언어학자들은 시대에 따른 욕설의 기원을 찾으면서 욕설의 종류를 크게 성적인 표현, 배설물과 관련된 표현, 종교적인 표현으로 구분했다. 여러분이 아는 욕설들을 떠올려보라. 웬만하면 세 종류에 포함될 것이다(특정 집단을 경멸하는 '모멸 표현'은 학자에 따라 욕설인지 아닌지 의견이 갈리기도 한다).

성적이거나 배설물과 관련된 욕설은 금방 떠오르겠지만, 종교적인 표현도 욕설이 된다는 게 생소할 분들도 있겠다. 영어 욕설의 역사를 연구한 언어학자 멀리사 모어Melissa Mohr는 저서 《HOLY SHIT(홀리 쉿)》에서 욕설이 2000년 전 로마 시대부터 시작해 시대의 흐름에 따라 큰 변천을 겪어왔다고 설명한다. 그의 분석에 의하면 종교적인 표현이 가장 심한 욕이 된 시대는 중세 유럽이다. 당시가 어떤 시대인가. 성전을 지키기 위해 한 번도 가보지 못한 중동으로 십자군 원정을 떠나고, 지금 보면 사소한 말과 행동을 했다는 이유("지구가 태양 주변을 돌지도 몰라요!")로 종교재판을 하거나 화형대에 묶을 정도로 교회의 영향력이 절정이던 시대 아니던가. 가장 성스러운 언어는 장갑 안팎을 뒤집듯 가장 강력한 욕이 될 자질도 충분했다고 모어는 설명한다. 하느님과 하느님에 관한 믿음을 걸고 하는 서약oath을 술집에서 아무렇게나 쓸 때("하느님께 맹세컨대, 둘이 밤에 물레방앗간에 들어가는 걸 봤다니까?"), 성스러운 언어는 감히 입에 담기조차 힘든 상스러운 말이 된 것이다. 지금은 왜 욕인지도 헷갈리는 "천벌 받을God damn!"이나 "예수님 맙소사Jesus Christ!" 같은 외침이, 중세 유럽인에게는 훨씬 더 심한 욕이었으리란 뜻이다.

또 다른 학자들은 사람들이 언제 욕설을 사용하는지 연구한다. 보통 우리는 욕설을 듣는 사람의 감정을 불쾌하게 만들고 싸움을 걸기 위해 쓴다고 설명한다. 온라인 게임 채팅에서 흔히 오가는 상스러운 말들("너희 부모님은 건강하시니?"의 험한 버전)을 떠올려보면 맞는 설명이지만, 좀 더 생각해보면 이렇게 상대를 공격할 목적만으로 욕을 내뱉는 경우는 드물다. 우리는 일상의 다양한 장면에서 욕설을 훨씬 다채롭게 쓴다. 듣는 사람에게 불쾌함이 아니라 친근함을 표현하기 위해 '사회적 욕'을 쓰기도 하고("오랜만이다. 새끼, 잘 지냈냐?"), 자신의 표현을 강조하기 위해서 감탄사처럼("야, 삼겹살 존나 맛있다!") 욕을 덧붙이기도 한다. 그리고 당연히, 짜증스럽거나 예상치 못한 상황에서 비롯되는 욕도 있다. 새벽에 화장실에 가다 책상

다리에 발가락을 찧었을 때처럼("악! 씨발!").

왜 아플 때 욕을 할까?

자, 이제 새벽의 마룻바닥에서 일어나 다시 침실로 돌아가자. 그렇다면 나는 왜 책상다리에 엄지발가락을 찧고서 욕을 했을까? 이전의 연구를 참조해보면, 아마도 짜증스럽거나 예상치 못한 상황에서 나의 불쾌함을 드러내기 위해서이지 않았을까. 그런데 이불 속에서 부은 발가락을 문지르면서 생각해보니 뭔가 웃기면서도 석연치 않다. 발화란 대개 들어줄 상대가 있을 때 시작될 텐데, 이 집엔 나 혼자뿐이기 때문이다. 들어줄 사람도 없이 욕을 하는 이유는 뭘까. 어쩌면 욕을 하면 고통이 줄어드는 것처럼 느껴지기 때문 아닐까. 우리 모두 몸이나 마음이 아플 때, 나지막이(혹은 쩌렁쩌렁) 욕을 뱉어보지 않았던가. 심리학자인 영국 킬대학교의 리처드 스티븐스Richard Stephens 교수는 이 문제를 알아보기로 했다. '아플 때 욕을 하면 고통이 실제로 줄어들까'를 연구한 것이다.

스티븐스 교수가 욕설이라는 주제에 관심을 가지게 된 계기는 아내의 둘째 딸 출산이었다. 아내는 진통이 올 때마다 한 번도 쓰지 않던 욕을 크게 내뱉었고, 진통이 잦아들면 주변 사람들에게 미안해하는 모습을 반복했다(진통이 다시 시작되면 어김없이 욕도 다시 튀어나왔다). 왜 아내는 아플 때마다 욕을 했을까? 선행 연구를 찾아본 스티븐스 교수는 놀랍게도 그때까지 사람들이 고통 상황에서 욕을 하는 이유에 관한 연구가 없다는 사실을 발견했고, 여기서부터 스티븐스 교수를 '욕의 달인'으로 만들어준 실험이 시작됐다. 이 실험에 필요한 건 차가운 물이 가득 든 물통과 자신에게 무슨 일이 일어날지 모르는 킬 대학교의 어리숙한 학생 67명이었다.

우선 스티븐스 교수 연구팀은 실험 참가자를, 욕을 외쳐야 하는 실험군과 욕을 금지한 대조군으로 나눴다(실험실 용어로, 이렇게 실험을 위해 인위적 조작을 가하는 집단을 '실험군', 실험군과 비교할 수 있도록 아무런 조작을 가하지 않은 집단을 '대조군'이라 부른다). 욕쟁이 실험군은 '망치로 엄지를 쳤을 때 말할 것 같은 다섯 가지 단어'를 써보고, 그 목록의 첫 번째 욕설을 앞으로 이어질 실험에서 사용하기로 했다. 대조군은 '탁자를 설명할 수 있는 다섯 가지 단어'를 적고 마찬가지로 실험 중 첫 번째 단어만 사용하기로 했다.

이제 불쌍한 대학생들에게 진짜 고통을 선사할 실험 시간이다. 연구팀은 실험 참가자들에게 얼음물에 한 손을 담그고 최대한 고통을 오랫동안 참으라고 주문했다. 공식적으로 '한랭 승압 검사'라 불리는 이 검사는 별다른 신체적 위해를 끼치지 않으면서 고통을 줄 수 있어 많은 실험에서 사용됐다. 욕쟁

이 실험군은 아까 골랐던 욕을 외치면서 버틸 수 있었다(가장 많이 울려 퍼진 욕은 'fuck'과 'shit'이었다). 불쌍한 대조군은 탁자를 설명하는 중립적 단어를 외치면서 손을 얼음물에 담그고 있어야 했다. 상상해보라. 누군가가 욕지거리하면서 찬물의 고통을 참는 동안, 다른 누군가는 "네모난!", "다리가 있는!", "나무로 된!" 같은 말을 외치면서 고통을 견뎌야 했다는 이야기다. 연구팀은 이들이 손을 빼지 않고 얼마나 오랫동안 버텼는지, 그리고 심박수는 어떻게 변했는지 관찰했다.

실험 결과, 욕을 한 사람들이 탁자를 설명하는 단어를 사용한 사람들보다 통증을 더 잘 참았다. 남성의 경우 욕을 한 사람이(190.63초) 욕을 하지 않은 사람(146.71초)보다 찬물에서 43.92초나 오래 버텼다. 여성도 욕을 한 경우에 37.01초를 더 참았다. 실험 후 통증 척도 검사에서도 욕설을 한 참가자들이 느낀 통증의 강도가 덜했다는 점이 밝혀졌다. 그렇다. 여러분, 삶이 힘들면 욕을 좀 해도 된다! 과학이 여러분께 드리는 삶의 꿀팁이다.

왜 욕을 하면 고통이 줄어들까. 연구팀은 욕을 한 사람들이 고통을 덜 느끼고, 더 오래 참는 것과 동시에 심박수도 크게 증가했다는 점에 주목해 욕의 진통 효과가 '투쟁-도피 반응'의 일부라 설명했다. 투쟁-도피 반응은 급격한 스트레스 자극을 만났을 때 자율신경계가 만들어내는, 우리 몸 깊숙이 새겨진 생존 반응이다. 당신이 밤길을 걷는데 양아치들이 뒤를 따라온다고(혹은 사는 곳에 따라 산길에서 호랑이에게 쫓긴다고) 생각해보자. 이때 자율신경계가 활성화하면 위험 수준을 판단하기 위해 감각은 예민해지고, 피를 더 많이 보내기 위해 심장박동이 올라가며, 싸우거나 도망치기 좋도록 근육으로 피가 더 많이 흐르고, 싸움이나 도망에 필요 없는 기관인 피부와 소화기관으로의 피 흐름은 감소하는 변화가 일어난다. 연구팀은 욕설이 공격적인 감정 반응을 촉발시켜 투쟁-도피 반응을 일으켰고, 이 반응이 '스트레스 유도 무통각증'으로 이어져 가벼운 진통 효과를 나타냈다고 추론했다. 욕설이 생존 본능을 자극하는 오래된 몸속 회로를 여는 열쇠가 된 것이다.

스티븐스 교수는 첫 연구를 발표한 이후로도 여러 보강 연구를 진행했다. 2012년에는 얼음물에 손을 담그기 전 실험 참가자들에게 컴퓨터 게임을 시켰다. 그 결과, 골프 게임 〈타이거 우즈 PGA 투어 2007〉보다는 1인칭 액션 게임 〈메달 오브 아너: 프론트라인〉을 플레이한 사람들이 고통을 더 잘 견디는 것으로 나타났다. 총칼로 나치 독일군을 때려잡은 사람들이 막대기로 공을 때린 사람들보다 당연히 공격성이 더 올랐을 테니, 욕의 진통 효과가 격한 감정 반응에서 나온다는 연구팀의 추론을 뒷받침하는 결과라 볼 수 있었다.

실생활에 더 도움이 될 만한 연구는 2011년에 진행됐다.

이 연구에는 킬대학교의 또 다른 불쌍한 학부생 71명이 동원되었는데, 이때 연구팀은 욕을 자주 쓰는 사람과 잘 쓰지 않는 사람을 비교했다. 욕을 자주 하지 않는 학생의 경우 욕설을 쓰면 평소보다 두 배가량 오래 찬물의 고통을 버텼다. 반면 하루에 욕을 60번 정도 하는 입이 걸걸한 학생들은 욕을 할 때나 하지 않을 때나 찬물에서 버틸 수 있는 시간에 별 차이가 없었다. 즉 욕을 자주 하면 습관화가 이루어져서 고통을 버티는 효용이 사라진다는 얘기다.

스티븐스 교수는 인류의 고통을 경감시킬 새로운 방법을 찾은 업적을 인정받아 2010년 이그노벨상을 수상했다. 어쩌면 당연하게도(?) 그가 받은 상은 '언어학상'이 아니라 '평화상'이었다. 그의 통찰을 정리해보자. 만약 당신이 새벽녘 마루에서 엄지발가락을 찧었다면, 욕을 좀 해도 된다. 그게 당신의 고통을 실제로 줄여줄 테니까. 단 삶이 고통스럽더라도 평소에 욕을 남용하진 말자. 그러면 욕의 진통 효과가 줄어들기 때문이다. 평소에 말을 곱게 해야 할 이유가 하나 더 생긴 셈이다.

생각보다 더 원초적인 표현, 욕설

욕설은 고통을 줄여주지만, 이는 욕설이 몸에 미치는 영향의 극히 일부다. 다양한 분야의 연구자들은 욕설이 여느 단어들과는 다르게, 사람의 몸에 놀라울 정도로 강력한 효과를 일으킨다는 점을 점점 파악해나갔다. 먼저 욕설은 카타르시스라 할 만한 강력한 감정적 자극을 준다. 긴장감 넘치는 영화를 보거나 좋은 노래를 들었을 때처럼, 욕설을 읽거나 큰 소리로 외치면 다른 단어를 사용할 때보다 더 강한 전율을 느낀다는 것이다. 과학자들은 우리가 느끼는 '전율'을 실제로 피부의 전기전도도를 통해 측정할 수 있다. 정서적으로 각성하거나 긴장하면 피부의 땀샘이 열리고, 전해질 성분이 가득한 땀이 배출되면서 전기전도도가 미묘하게 변화하기 때문이다. 실제로 욕설을 읽거나 말한 사람들은 다른 단어를 말할 때에 비해 강한 '피부전기반응'을 보였다. 심지어 '죽음'이나 '암'처럼 강렬한 정서적 반응을 불러일으키는 단어보다도 더 강한 반응이었다. 뿐만 아니라 욕설은 기억하기도 편하다. 또 다른 연구에서는 피험자들에게 단어를 외우도록 하고 얼마나 오랫동안 정확히 기억하는지 평가했다. 그랬더니 피험자들이 평범한 단어(감자)보다는 욕설(씹하다)을 더 잘 기억한다는 결과가 나왔다.

이렇게 차이가 나니, 과학자들은 자연스럽게 욕설이 뇌에서 일반적인 단어들과는 다른 곳에 저장된다는 가설을 세웠다. 우리가 지닌 대부분의 언어 능력이 비교적 최근에 진화한 대뇌피질에서 처리된다면, 비속어는 훨씬 오래전에 진화한 변연계에 저장되고 처리된다는 가설이다. 변연계는 자율신경계를 책임지는 부위로 감정, 심박수, 혈압 등 인간의 본능적 생존과 관련한 변화에 관여한다. 욕설이 실제로 훨씬 '원초적인' 다른 부위에 자리하고 있으니 욕설을 듣거나 쓸 때의 반응도 일반적인 단어와 다른 것이 자연스럽다.

이 가설은 욕이 투쟁-도피 반응을 자극해 진통 효과를 가져다준다는 스티븐스 교수팀의 연구도 자연스럽게 설명할 수 있고, 또 다른 신경 질환의 증상을 설명하는 데도 도움이 된다. 뇌가 손상돼 말을 하지 못하는 실어증 환자가 한 예다. 보통 실어증 환자의 뇌를 살펴보면 뇌의 표면 부위인 대뇌피질, 그중에서도 언어 능력과 관련된 브로카 영역과 베르니케 영역을 다친 경우가 많다. 그런데 일부 실어증 환자들은 다른 말은 몰라도 욕만은 유창하게 구사할 수 있다. 욕을 담는 부위가 대뇌피질이 아닌 다른 곳에 있으리라는 간접적 증거다.

또 다른 예시는 '투렛증후군'이다. 투렛증후군은 의도치 않은 움직임과 소리를 반복하는 질환인데, 눈에 띄는 증상 중 하나는 '강박적 외설증'이다. 말 그대로 자신의 의사와는 상관없이 외설스러운 말, 욕설을 내뱉는 상태다. 아니, '요리 용어' 강박증이나 '과학 단어' 강박증도 아니고 굳이 '외설어'에 강박을 느끼다니? 누가 지어낸 기분 나쁜 농담 같지만 가슴 아프게도 강박적 외설증은 투렛증후군 환자의 25~50퍼센트가 앓는 증상이다. 이 증상도 욕설이 일반적인 단어와 다른 곳에 저장돼 있다고 가정하면 설명이 가능해진다. 강렬한 감정과 연관된 변연계에 있기 때문에 의도치 않게 욕설이 튀어나온다는 것이다.

마지막으로 우리와 가장 가까운 유전적 친척인 침팬지도 욕설을 구사한다는 관찰이 욕설의 기원이 오래됐다는 주장에 힘을 실어줄 수 있겠다. 침팬지는 불만이 생기면 서로에게 대변을 던지곤 한다(나도 회사에서 이렇게 불만을 해결할 수 있으면 좋겠다). 침팬지에게 수화를 가르친 연구자들은 곧 침팬지들이 '더러운'이라는 형용사를 욕으로 쓴다는 점을 발견했다. 싫어하는 침팬지를 가리킬 때 '더러운 원숭이'라고 표현하거나, 연구자가 자신에게 음식을 덜 주거나 우리에서 꺼내주지 않았을 때 '더러운 로저(연구자의 이름이 로저 파우츠Roger Fouts였다)'라고 하는 식이었다. 그러니까 침팬지는 대변을 전혀 묻히지 않고도 대변의 특징인 더러움을 욕설로 활용할 수 있었다.

결론은, 부모님과 선생님과 온라인 게임 운영자들이 그렇게도 줄이고 싶어 하지만 비속어가 계속해서 존재하는 나름의 이유가 있다는 것이다. 진통 효과부터 신경 질환까지, 성스러운 것부터 상스러운 것까지, 욕설은 못 본 체하기엔 인간 본성 깊은 곳과 연결된 단어들이기 때문이다. 앞서 소개했던 멀리사 모어는 저서 《HOLY SHIT》에서 "때로는 비속어 한두 마디가 목적을 달성하는 유일한 수단일 수 있다. 달리 말해 언어가 도구 상자라면, 비속어는 망치인 셈이다"라고 썼다. "스크루드라이버나 렌치, 플라이어로도 나무에 못을 박아볼 수는 있지만, 그 작업에 빈틈없이 알맞게 고안된 도구는 오직 망치뿐이다."•

왜 '어?' 는 만국공통어일까

노벨상처럼, 이그노벨상에도 문학상이 있다. 다른 점은 이그노벨 문학상은 (그 범위가 훨씬 넓어서) 언어학 연구에도 수여된다는 점이다. 언어학에 관한 우리의 편견은 크게 두 가지로 양분된다. 영어 교과서에서 끝도 없이 펼쳐지는 품사의 종류와 복잡한 문법을 외우고 탐구하는 고리타분한 장면이나, 아니면 생전 듣지도 보지도 못한 희귀 언어를 연구하기 위해 오지를 탐험하는 장면. 하지만 앞의 욕설 연구에서 봤듯이, 언어학 연구는 우리가 진지하게 생각해본 적 없거나 심지어는 언어 현상이라 여겨본 적도 없는 것들도 포함한다(스티븐스 교수가 언어활동을 연구해 받은 건 아이러니하게도 평화상이었지만). 너무 사소하고 본능적이라 우리가 발화라고 느끼지도 않는 것. 그중엔 추임새 '어?'가 있다.

우리는 대개 누군가가 한 말을 제대로 못 들었을 때 두 가

• 멀리사 모어, 《HOLY SHIT》, 서정아 옮김, 글항아리, 2018, 26쪽

지로 반응한다. "뭐라고?" 같은 질문을 던지거나 "어?"처럼 짧은 감탄사로 되묻거나. 2013년, 당시 네덜란드 막스플랑크 심리언어학 연구소의 언어학자였던 마르크 딩에만서 Mark Dingemanse는 세계 각국 언어의 녹음을 듣다가, '어?'라는 표현이 전 세계에서 상당히 비슷하게 들린다는 점을 깨달았다. 영어를 쓰는 사람은 '허Huh?'라고 한다. 독일어 사용자는 '헤häh?', 동남아시아 라오스와 태국, 캄보디아에서 쓰이는 라오어 사용자는 '흐ɦ?'라고 되물었다. 좀 더 적은 언중이 쓰는 언어에서도 경향은 비슷했다. 아이슬란드 사람은 '하ha?'라고 말했고, 아프리카 가나의 소수 언어인 시우어 사용자는 '애ã?'라고 되물었다. 심지어 에콰도르 북부에서 약 6000명이 쓰는 소수 언어인 차팔라어 사용자도 '하?'라는 감탄사를 쓰고 있었다.

어? 별거 아닌 일처럼 들릴 수도 있지만, 사실 언어학자들에게 이 현상은 매우 흥미로운 '언어의 보편성' 문제를 건드렸다. 이 감탄사가 모든 언어에서 유사하게 나타날 이유가 전혀 없었기 때문이다. 서로 다른 언어에서 같은 물건을 같은 발음으로 표현하는 경우는 드물다. 예를 들어 한국어 '개'는 영어로 '도그dog', 독일어로 '훈트hund', 일본어로 '이누いぬ'로 각각 다르게 부른다. 이렇게 언어의 생김새와 담고 있는 내용이 본질적으로 관련 있을 필요가 없다는 것을 '언어의 자의성'이라 한다. 고전 언어학자였던 페르디낭 드 소쉬르가 언급한 것처럼 개,

dog, hund, いぬ 같은 단어들은 이 동물의 본질을 보여주지 않으며 문자는 자의적으로 결합해 있을 뿐이다.

그런데도 비슷하다니! '어?'의 유사함은 매우 특이한 현상이었다. 연구팀은 문헌 조사를 통해 전 세계 31개 언어에서 이 감탄사가 매우 비슷하게 나타난다는 점을 확인했다. 스페인어와 차팔라어처럼, 어족이 아예 다른 언어에서도 감탄사는 비슷하게 나타났다. '어?'를 불러일으키는 질문문, '뭐(라고)?'와 비교해놓고 보면 그 특이함이 더 두드러진다. 질문문은 '뭐(한국어)?', '케(스페인어)?', '왓(영어)?' '티(차팔라어)?'처럼 언어마다 발음이 크게 차이 났기 때문이다. 마지막으로 '어?'는 재채기나 비명처럼 생리적으로 기원이 같은, 그래서 보편적인 소리도 아니었다. 발음하는 소리는 매우 비슷하지만 언어권마다 미묘하게 그 형태가 달랐다.

'어?'는 사소하지 않다

그러면 왜 '어?'는 서로 다른 언어에서 비슷하게 불리게 된 걸까. 연구팀은 '어?'가 사실 사소하지 않기 때문이라는 결론을 내렸다. '어?'가 의사소통의 오류를 수정하는 기능을 가진 매우 중요한 표현이라는 설명이다. 대화 도중에 '어?'라는 말을 들으면 발화자는 상대방이 내 말을 제대로 듣지 못했다는 점을 쉽게 알 수 있고, 다시 한 번 설명하게 된다. '어?'가 없는 세상에 산다고 생각해보라. 그러면 우리는 상대의 말을 알아듣지 못해도 그냥 넘어가거나, "뭐라고?"처럼 세 음절 이상 발음하거나, "다시 한 번 말씀해주시겠어요?"처럼 대화의 맥을 끊는 거추장스러운 말을 덧붙여야 한다.

딩에만서 연구팀은 논문과 보도자료에서 대화의 발화자에게 "내가 말을 알아듣지 못한 것 같은데 조치를 취해달라"라는 의사 전달을 최대한 빠르고 간편하게 알려주기 위해 탄생한 경제적 표현이 '어?'라고 밝혔다. 가장 짧고 간단한 표현을 찾다 보니 서로 다른 뿌리를 가진 언어들이 모두 '어?'와 비슷한 발음과 형태로 진화했다는 것이다. 진화생물학에서는 이런 현상을 '수렴 진화'라고 부른다. 조상은 완전히 다른데 비슷한 환경에 적응하다 보니 겉보기에 유사한 생물학적 구조를 가지도록 진화하는 현상을 일컫는다. 날개를 진화시킨 새(조류)와 익룡(파충류) 그리고 박쥐(포유류)나, 수생 환경에 적응한 상어(어류)와 돌고래(포유류)처럼, 연구팀은 '어?'와 '허?'와 '흐?'와 '하?'도 비슷한 대화 상황에 맞춰 수렴 진화한 것이라고 봤다.

딩에만서 연구팀의 논문은 2015년 이그노벨 문학상을 받은 이후 다른 언어권에서도 비슷한 결과를 보여주며 더 널리 퍼졌다. 수많은 언어학 연구자들이 딩에만서의 언구에서 다뤄지지 않은 언어에도 같은 논리가 적용되는지 알아보았고 베트남어, 말레이어, 노르웨이어, 광둥어, 치난텍어를 포함한 약 10개 언어에서 비슷한 형태의 감탄사가 발견되었다. 논문 관련 수치를 보여주는 사이트인 '구글 스칼라'를 보면 딩에만서의 '어?' 논문은 출판 이후 250번 가까이 인용됐다. '어?'가 한 발화자에게는 사소한 추임새였을지 몰라도, 언어학계에는 꽤나 거대한 도약이었던 모양이다.

그런 대단한 결과에도 불구하고, 딩에만서 연구팀은 연구를 소개하는 보도자료의 마지막 문장을 "'어?'와 같은 겸손한 단어조차도 우리에게 초사회적 동물로서 우리의 본성에 대해 많은 것을 가르쳐줄 수 있습니다"라고 끝맺었다. 언어학자들에게는 허투루 버릴 발화가 하나도 없다는 뜻이다. 아무도 진지하게 여기지 않았던 욕설은 인간의 언어학적 본능을 탐구하게 만들었고, 사소한 추임새 '어?'를 통해서는 언어의 보편성이란 문제를 다시 점검할 수 있지 않았는가. 길거리에 떨어진 잔돌 같은 사소함에서 보석을 알아보고 갈고닦아 통찰을 내놓는 재주, 그것이 어쩌면 두 연구자의 공통점일지도 모른다. 정말 대단하지 않은가, 어?

8

세상에서 가장 느린 98년짜리 실험

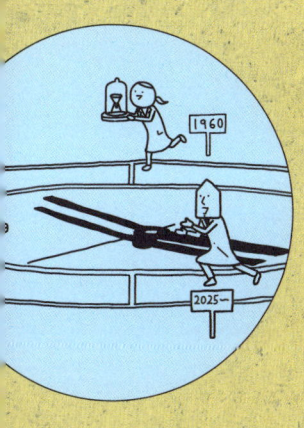

오스트레일리아에 있는 퀸즐랜드대학교의 파넬빌딩은 사암색 외관이 매력적인 아담한 2층 건물로, 이곳에 퀸즐랜드대학교 물리학박물관이 자리 잡고 있다. 무릇 대부분의 대학 박물관이 그렇듯 이곳 역시 거대한 위용이나 화려한 전시물을 자랑하진 않는다. 그러나 이 조용한 건물은 아는 사람은 아는 전 세계 과학 덕후들의 성지다. 그 이유는 박물관 로비에 놓인 이상한 실험 장치에 있다. 무슨 실험인지 궁금한가? 여러분도 직접 구경할 수 있다. 퀸즐랜드대학교에서 24시간 라이브 스트리밍을 제공하고 있기 때문이다. 'The Tenth Watch(열 번째 구경하기)'라는 사이트에 들어가면 "이제 3년 정도만 기다리면 됩니다…"라는 문구와 함께 실시간으로 실험을 보여주는 영상이 재생된다.

실험 장치는 간단하다. 밑이 터진 커다란 유리 깔때기를 삼발이에 고정시켜놓았는데, 깔때기 안에는 정체 모를 새까만 물질이 담겨 있다. 아무리 좋게 봐도 왕창 태운 달고나 찌꺼기 혹은 도로를 포장하다 남은 아스팔트를 가득 담은 듯한 모양새다. 깔때기 밑바닥 부분에는 구멍이 뚫려 있어 새까만 물질이 아래로 흘러내릴 수 있도록 되어 있다. 과연 아래에는 커다란 검은색 방울이 맺혀 있다. 방울 밑바닥에 작은 비커가 놓여 있는 걸 보니, 저 검은 고체인지 액체인지 모를 물질이 곧 흐르긴 할 모양이다.

　그러나 그대로다.
　방울은 움직이지 않는다.
　흐르지 않는다.
　그리고 영원히 조용하다.

　화면 왼쪽 아래 띄워진 디지털시계의 숫자를 제외하면, 움직임은 없다. 화면은 미동도 하지 않는다. 정지 화면은 아닌지 헷갈릴 정도다. 아주 가끔, 실험 장치 옆을 지나다니는 사람들(대학 청소부나 길을 잘못 든 관광객)의 실루엣이 화면에 비칠 뿐이다. 이 화면을 꾸준히 계속 지켜보는 행위는 앤디 워홀이 촬영한 여덟 시간짜리 무성영화 〈엠파이어 Empire〉를 감상하거나, 한 장짜리 악보를 840번 반복해 20시간 동안 연주하는 에

퀸즐랜드대학교에서 인터넷으로 중계하고 있는 피치 낙하 실험. 사이트에 접속하면 실시간 상황을 직접 볼 수 있다.   ⓒthetenthwatch.com

릭 사티의 대곡 〈벡사시옹Vexations〉을 듣는 기분과 비슷하지 않을까. 이게 24시간 생방송되는 엄청 대단한 실험이라고? 실망해도 이해한다. 솔직히 나도 그랬으니까. 여하튼 축하한다. 이로써 여러분도 퀸즐랜드대학교가 자랑하는 98년 전통의 실험, 기네스북에 등재된 '세상에서 가장 오래된 실험'이자 2005년 이그노벨 물리학상 수상에 빛나는 '피치 낙하 실험The Pitch Drop Experiment'을 구경한 사람이 되었다. 이게 도대체 뭐 하자는 실험인가. 뭐길래 한 세기 동안이나 실험을 진행한단 말인가.

세상에서 가장 오래 진행 중인 실험

물질은 몇 가지 상태를 가질까. 보통은 고체와 액체, 기체의 세 가지 상태가 있다고 대답할 것이다. 과학에 관심 있는 사람이라면 여기 더해서 플라스마까지, 네 가지가 있다고 대답할 수도 있겠다. 그런데 물질의 실제 상태는 겉보기와 다른 경우가 꽤 있다. '피치'가 바로 그런 경우다.

피치는 석유나 콜타르, 식물을 증류하여 만든 탄화수소 혼합물이다. 석유가 기원인 경우에는 '아스팔트'라 부르기도 하고, 식물 원료에서 만들어지면 '로진'으로도 부른다. 검고 매우 끈적거리는 기름 범벅의 액체를 상상하면 된다. 그래서 옛날부터 피치는 나무배의 판자 사이로 물이 새어 들어오지 않도록 판자 사이에 바르거나, 와인이 증발돼 사라지지 않도록 토기에 덧칠할 때, 그리고 도로를 포장할 때 쓰였다. 좋아, 대충 어떤 물질인지는 알 것 같아. 그래서 도대체 이게 '화학적'으로 뭔데? 실상은 더 혼란스럽다. 피치는 한 가지 화학식으로 정의될 수 있는 화학물질이라기보단, 가벼운 탄화수소부터 무거운 다환 방향족 탄화수소*에 이르기까지 수백수천 가지 탄소화합물이 마구잡이로 뒤섞인 잡탕 혼합물이다. 정확히 어떤 종류의 탄소화합물이 어느 만큼 들어 있는지도 확실치 않고,

- 여러 개의 고리로 연결되어 있는 유기화합물.

만들기에 따라서 들어가는 물질이 달라지기도 한다. 심지어 가끔은 질소나 황화합물까지 포함되기도 한다. 여기까지 들으면 느낄 수 있겠지만, 몸에 별로 좋은 물질은 아니라서 산업보건학에서는 피치에서 나오는 휘발 물질을 중요한 유해 요인으로 본다(대체 어떤 물질이 얼마나 포함되어 있는지도 모르면서 온 천지에 피치를 써온 조상들의 용기에 경의를 표한다).

 피치가 겉보기와 달라 보인다는 말은, 냉각하면 굳어지는 성질에서 비롯된 것이다. 피치는 온도를 낮추거나 만들 때 조성에 변화를 주면 딱딱하게 만들 수 있다. 이렇게 굳어진 피치는 망치로 때리면 산산조각이 날 정도로 단단해진다. 그렇다면 이 피치는 고체가 된 걸까? 당연히 그런 것 같지만, 사실 피치에 있어 액체와 고체 사이의 경계는 그리 명확하지 않다. 증류수처럼, 불순물이 섞이지 않은 화합물은 섭씨 0도에서 얼고 녹는 것처럼 상태 차이가 명확하다. 하지만 잡탕 화합물의 경우는 그렇지 않다. 국제 화학물질 안전카드ICSC 자료집에는 콜타르 피치의 끓는점은 250도 이상, 녹는점은 30~180도라고 나와 있다. 그러니까 당신 앞에 놓여 있는 콜타르는 주변 환경에 따라서 고체일 수도, 액체일 수도 있는 것이다. 그렇다면 딱딱하게 굳어 보이는 피치가 고체 상태가 맞는지 아닌지 어떻게 알 수 있을까? 간단하다. 흘려보는 것이다.

 1927년, 퀸즐랜드대학교 교수였던 토머스 파넬Thomas Parnell

이 전설적인 피치 낙하 실험을 시작한 계기도 학생들에게 피치가 고체가 아니라 무지막지하게 끈끈한 액체일 수 있음을 보여주기 위해서였다. 실험의 아이디어는 단순했는데, 피치를 밑바닥이 빠진 용기에 담아 직접 흘려본다는 것이었다. 그러나 실험을 진행하기 위해서는 엄청난 인내심이 필요했다. 파넬은 먼저 가열한 피치를 깔때기 모양의 유리그릇에 담았다. 끈끈한 피치는 바로 유리그릇의 바닥에 가라앉지 않고 아주 천천히 움직였기 때문에, 본격적인 실험을 시작하기까지 무려 3년을 더 기다려야 했다. 마침내 준비를 마친 1930년 10월, 파넬 교수는 유리그릇의 밑바닥을 잘라냈다. 이제 그릇 아래의 구멍으로 피치가 한 방울씩 떨어진다면 피치가 액체임을 보여주는 훌륭한 시연이 될 것이었다.

실제로 피치 방울은 그릇 아래로 떨어져서 피치가 액체임을 유감없이 보여줬다. 문제라면 그 첫 번째 방울이 떨어지는 데 너무 오래 걸렸다는 점이다. 첫 번째 방울은 실험을 시작한 후 8년이 지난 1938년 12월에 떨어졌다. 다음 방울은 역시 약 8년이 지난 1947년 2월에 떨어졌다. 지금까지 피치는 총 아홉 방울 떨어졌다. 그 아홉 방울이 거쳐온 연대기는 다음과 같다.

첫 번째 방울, 1938년 12월(제2차 세계대전 발발 9개월 전).
두 번째 방울, 1947년 2월(그사이 제2차 세계대전이 끝나고 한반도가 해방됨).

세 번째 방울, 1954년 4월(그 사이 한국전쟁이 발발하고 휴전함).

네 번째 방울, 1962년 5월(쿠바 미사일 위기 직전).

다섯 번째 방울, 1970년 8월(아폴로 11호가 달에 착륙하고 1년 후).

여섯 번째 방울, 1979년 4월(반년 후 박정희가 암살당함).

일곱 번째 방울, 1988년 7월(서울올림픽이 열림. 내가 태어나기 반년 전).

여덟 번째 방울, 2000년 11월(그사이 소련이 붕괴하고 냉전이 끝남. 나는 초등학교 5학년이었음).

그리고 아홉 번째 방울, 2014년 4월(나는 대학교 4학년을 마치고 군복무 중이었음).

학생들에게 보여주기 위해서 시작한 피치 낙하 '시연'은 말 그대로 역사와 함께 진행됐다.

52년 동안 아무것도 못 본 억세게 운 없는 교수

퀸즐랜드대학교 피치 낙하 실험의 가장 아이러니한 점은 지금까지 그 누구도 피치가 떨어지는 순간을 두 눈으로 목격하지 못했다는 것이다. 피치 방울이 떨어진 날을 특정하기는 쉬웠다. 어제저녁 퇴근 전까지만 해도 깔때기 주둥이에 대롱

대롱 매달려 있던 피치 방울이 아침에 출근하고 보니 사라졌다면, 분명 지난밤 사이에 떨어진 것일 테니 말이다. 그러나 피치 방울이 떨어지는 바로 그 장면을 직접 보기란 쉬운 일이 아니었다. 실험을 시작했던 파넬 교수는 낙하 순간을 한 번도 보지 못한 채 1948년 9월 1일 세상을 떠났다. 두 번째 방울이 떨어진 이듬해였다. 다음으로 실험을 이어받은 사람은 같은 학교의 존 메인스톤John Mainstone 교수였다. 1961년 실험의 책임자가 된 그는 2013년까지 52년간 실험을 진행하며 피치 낙하 실험이 세계적인 주목을 받을 수 있도록 기틀을 닦았다. 그 시간 동안 메인스톤 교수 또한 피치가 떨어지는 모습을 보려고 적극적으로 노력했지만 쉬운 일이 아니었다. 영국 일간지 〈가디언〉에 실린 회고 기사는 거의 그리스 비극에 가까운 그의 노력을 이렇게 전한다.

"1979년 4월 어느 금요일 오후, 메인스톤 교수는 아내에게 전화를 걸어 집에 가지 못할 것 같다고 연락했다. 1970년 8월 이후로 피치 방울이 처음으로 깔때기에서 떨어지려고 했고, 메인스톤은 그 장면을 놓치고 싶지 않았다."

그는 학교에서 금요일 밤을 새웠고, 토요일에도 집으로 돌아가지 못했다. 피치 방울은 깔때기에 말 그대로 가느다란 실처럼 연결되어 매달린 상태였다(나였으면 몰래 쳐서 떨어뜨렸다). 그러나 양심적인 학자였던 그는 실험 기구를 건드리지 않고 지켜보다 결국 일요일 밤에 지쳐 집으로 돌아갔다. 그리고 월요일 아침 출근해서 메인스톤 교수가 처음 본 광경은 그 여섯 번째 피치 방울이 비커 안에 담긴 모습이었다.

이런 불운이 계속해 일어났다. 1988년 피치 실험 장치는 브리즈번에서 열린 엑스포에 전시되어 수많은 관람객의 눈길을 끌었지만, 네다섯 명의 관람객이 잠깐 자리를 비운 사이 일곱 번째 방울이 떨어졌다(다른 버전의 이야기에 따르면, 그때 메인스톤 교수는 시원한 음료를 가져오기 위해 자리를 비운 상태였다고 한다). 인간의 힘으로 피치 방울을 좇기 힘들다고 생각한 메인스톤 교수가 다음으로 선택한 방법은 카메라 녹화였다. 집중력도 잃지 않고 잠들지도 않는 '기계 눈'을 활용한다는 발상이었다. 그는 다음 방울이 떨어지는 모습을 놓치지 않기 위해 라이브 카메라를 설치했다. 그러나 2000년, 그가 런던에서 머무르던 당시 오스트레일리아에서 폭풍우로 20분간 정전이 일어나며 카메라가 꺼지고 말았다. 다시 카메라를 켰을 때, 여덟 번째 방울은 이미 떨어진 후였다. 기계 눈은 잠들지는 않지만 꺼질 수는 있었던 것이다.

결국 메인스톤 교수는 1979년에는 하루 차이로, 1988년에는 5분 차이로, 2000년에는 20분 차이로, 결과적으로 52년 동안 피치 방울이 떨어지는 모습을 단 한 번도 보지 못한 채 2013년 세상을 떠났다. 피치 실험 장치는 앤드루 화이트Andrew

White 교수에게로 넘어왔고, 잔인한 농담 같지만 아홉 번째 방울은 메인스톤 교수의 장례식 몇 달 후인 2014년 4월 바닥에 닿았다. 이번에는 세 대의 웹캠이 모든 순간을 기록했지만, 피치 방울이 떨어진 게 아니라 늘어나다 비커 바닥의 다른 피치 방울에 닿았다는 점이 문제가 됐다. 피치 방울이 정확하게 바닥으로 '떨어졌다'고 보기 힘들었기 때문이다. 결국 화이트 교수는 다음 피치 방울은 제대로 떨어질 수 있도록 깔때기 아래에 달린 피치 방울과 비커를 정리했다. 이제는 왜 퀸즐랜드대학교 사람들이 '열 번째 구경하기' 사이트까지 만들면서 앞으로 떨어질 열 번째 방울에 집착하는지 알 만하지 않은가?

대륙 이동보다 10배 이상 느리게 움직이는 액체

낙하 순간을 관찰하는 것이 왜 그토록 어려운 일이었을까. 역시 가장 큰 이유는 깔때기에 담긴 피치가 흐르는 속도가 무척, 무척 느리기 때문이다. 1984년, 당시까지 떨어진 여섯 방울의 피치를 토대로 쓰인 논문은 '피치의 점도가 물보다 2300억 배 크다'고 분석했다. 도대체 얼마나 끈끈하다는 얘길까? "대륙 이동보다 10배 이상 느리다는 얘기예요!" 화이트 교수의 표현에 따르면 오스트레일리아는 1년에 6.8센티미터 정도 북쪽으로 이동 중인데, 이보다 10배 이상 느리게 흐른다는 뜻이다. 그 결과 피치 한 방울이 맺히는 데는 7~13년 정도가 걸린다. 이 고통스럽게 긴 시간과 달리, 피치 방울이 떨어지는 데는 찰나에 가까운 순간인 0.1초밖에 걸리지 않는다. 10년을 지켜보더라도 잠깐 한눈파는 순간 피치 방울은 떨어져 있다는 소리다.

극단적으로 느린 이동속도에 더해 시간이 지나면서 조금씩 변한 실험 조건들도 관찰의 어려움을 가중시켰다. 첫 일곱 방울은 비교적 고른 7~9년 주기로 떨어졌다. 그다음인 여덟 번째 방울이 떨어지는 데는 무려 12년 정도 걸렸다. 깔때기에 남은 피치의 양이 줄어들면서 피치를 흘려보내는 압력이 감소했다는 설명이 있다. 또 다른 가설은 피치 낙하 실험이 진행되는 건물이 리노베이션을 거치면서 새로 설치된 에어컨이 피치를 더 딱딱하게 만들었다는 것이다. 2010년대 초, 실험 기구를 비추는 조명을 할로겐등으로 바꿨을 때는 반대의 일이 발생했다. 열이 많이 발생하는 할로겐등으로 인해 주변 온도가 올라가면서 피치의 점도가 낮아졌고 피치가 더 잘 흐르는 환경이 만들어졌다. 당시 화이트 교수는 바뀐 조건에서 피치 방울의 점도를 계산했고, 이전 방울들보다 점도가 8.3배 정도 낮아졌다는 결과를 내놨다(이후 뜨거운 할로겐등 조명은 발열량이 적은 LED 조명으로 대체됐다).

운명의 세 여신이 개입한 가장 비극적(혹은 희극적) 순간은 메인스톤 교수가 아직 생존해 있던 2013년 7월 일어났다. 비슷한 피치 낙하 실험을 진행하고 있던 아일랜드 더블린의 트리니티칼리지에서 최초로 피치 방울 낙하 장면을 포착하는 데 성공한 것이다. 오스트레일리아의 피치 실험이 가장 유명하지만, 이미 19세기에 스코틀랜드 과학자 윌리엄 톰슨William Thomson(절대온도의 단위 '켈빈'의 유래가 된 켈빈 남작이 바로 이 사람이다)이 피치를 가지고 몇 가지의 실험을 진행한 적 있다. 톰슨은 피치 위에 코르크와 총알을 올려두고 총알이 가라앉고 코르크가 떠오르는 모습을 보여주거나, 피치로 빙하의 흐름을 재현해 보여주는 실험 기구를 만들었다. 그 실험의 영향인지 20세기 초까지 영국 스코틀랜드국립박물관, 세인트앤드루스 대학교 등 이곳저곳에서 피치 낙하 실험이 진행됐다. 그중 꽤 늦은 1944년 시작된 트리니티칼리지의 피치 낙하 실험은 누가 시작했는지도 잊힌 상황이었는데(입자가속기를 처음으로 만들어 노벨 물리학상을 받았던 어니스트 월턴Ernest Walton이 그 주인공으로 추측되기는 한다), 최근 들어 먼지 쌓인 실험 기구에 다시 관심을 가지기 시작한 학자들이 옆에 카메라를 설치했다. 그리고 카메라 설치 후 겨우(?) 1년 3개월 만에 낙하 장면을 촬영하는 데 성공한 것이다.

　　방울이 점점 커지다가 떨어지는 모습을 분석한 트리니티칼리지 연구팀은 이 피치의 점도가 꿀의 약 200만 배라고 계산했다(확실히 피치는 빵에 발라 먹을 만한 액체는 아니다). 검고 끈적거리는 액체 한 방울이 떨어지는 이 영상은 인터넷과 언론에서 엄청난 화제를 일으켰다. 이야기를 전해 들은 메인스톤 교수는 트리니티칼리지 연구팀에게 진심 어릴 수밖에 없는 축하 인사를 건넸다.

"저는 그 영상을 끊임없이 돌려봤습니다. 저처럼 오랫동안 피치 낙하 실험을 지켜봐온 사람에게는 꽤나 매력적인 부분이 많더군요."

세상 꾸준한 50년짜리 손가락 꺾기 실험

피치 낙하 실험이 느린 실험 결과를 관찰하려면 영겁의 기다림이 필요하다는 과학의 숙명을 보여줬다면, 2009년 이그노벨 의학상을 받은 또 다른 실험은 전혀 다른 분야에서 그 숙명에 도전하는 인간의 의지를 보여줬다 할 수 있다. 그 의지를 보여준 미국의 의사 도널드 엉거Donald Unger의 실험은 손가락을 꺾는 행동이 정말 관절염의 원인인지를 밝히는 것이었다.

기지개를 켜거나, 본격적으로 일을 시작하기 전에 손가락 마디를 꺾으며 '뚝' 소리를 내는 사람들이 있다. 관절 꺾기를 하는 사람이 인구의 약 25~54퍼센트라는 분석이 있으니 여러분도 분명 들어봤을 테다. 이 소리는 왜 나는 걸까. 두 손가락

뼈가 부딪쳐서 소리가 나는 거 아니냐고? 실제로는 훨씬 복잡하다. '뚝' 소리의 원인은 다른 사소하면서도 풀리지 않은 과학의 질문과 마찬가지로 무려 40년 동안 과학자들의 치열한 논쟁 대상이었다. 그전까지 과학자들은 이 흔한 현상의 원인을 찾지 못해 실험실에서 수많은 사람의 손가락을 꺾고, 그 소리를 녹음하고, 꺾는 순간을 X선과 fMRI 등 각종 장비로 촬영하고 분석하며 열띤 토론을 벌여왔다. 이에 관한 가장 최신 연구인 2018년 논문의 설명을 따라가보자. 두 손가락뼈는 직접 맞닿지 않고(그러면 큰일난다) 손가락 관절로 연결되어 있다. 관절은 관절을 둘러싼 주머니 안에 뼈와 뼈 사이의 마찰을 줄여주는 연골과 활막, 활액이 차 있는 구조다. 이제 뚝 소리를 내기 위해 손가락 관절에 힘을 주면, 관절 사이 활액이 들어가 있는 공간이 갑자기 늘어나고, 이에 따라 압력이 낮아지면서 윤활액에 녹아 있던 기체가 기포로 급하게 빠져나온다. 이렇게 만들어진 미세한 기포는 겨우 0.3초 만에 터지지만 순간적으로 83데시벨에 달하는 크기의 소리를 만들 수 있다. 뚝 소리의 근원은 거품이 터지는 소리였던 셈이다.

    어렸을 때부터 뚝 소리를 즐겨 낸 사람이라면, 부모님이나 주변 사람들에게서 '손 건강에 안 좋으니 하지 마라'는 이야기를 들은 적 있을 것이다. 도널드 엉거도 그런 사람 중 한 명이었다. 어렸을 때 가족들로부터 관절을 뚝뚝 꺾으면 늙어서

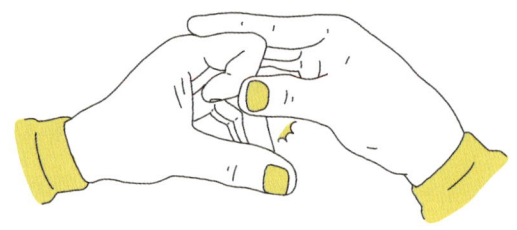

관절염에 걸린다는 경고를 듣고 자란 엉거는 이 이야기가 진짜인지 알아보기 위해 간단한 실험을 하기로 했다. 매일 왼손의 관절을 소리가 나도록 적어도 두 번씩 꺾은 것이다. 비교를 위해 오른손 관절은 꺾지 않았다.

    간단한 실험이지만, 그 과정은 간단하지 않았다. 늙어서 관절염에 걸리는지 알아보려면 이 일을 늙을 때까지 해야 했기 때문이다. 눈이 오나 비가 오나, 중요한 시험을 치르거나 결혼 같은 인생의 대소사를 앞두고도 관절을 꺾는 일에는 예외를 두지 않고 말이다. 정말로 그는 이 일을 매일, 50년 동안 꾸준히 했다고 주장했다. 1998년 그는 미국의 학술지인 〈관절염과 류머티즘 Arthritis & Rheumatology〉에 보낸 편지에 "왼손 관절을 적어도 3만 6500번 정도 꺾는 동안 오른손 관절은 거의 꺾지 않았다. 그러나 양쪽 손 모두에 관절염이 오지 않았고, 특별한 차이도 없었다"고 밝혔다. 반세기에 걸친 실험으로 관절 꺾기와 관절염에 상관관계가 없다고 주장한 것이다.

엉거의 근면함은 찬사받을 만하지만, 이 관절 꺾기 실험으로 관절 꺾기와 관절염 사이의 실제 연관성을 밝히기엔 아쉬운 점이 많았다. 먼저 실험 참가 대상이 여러 명이 아니라 엉거 본인 한 명뿐이었다. 또한 유일한 실험 참가자인 엉거가 매번 완벽하게 같은 조건에서 같은 방식으로 관절을 꺾었다는 증거도 없다. 즉 실험군이 여러 명이 아니라 한 명이었고, 실험군의 조건도 제대로 통제되기 힘들었다는 점이 문제다(물론 실험군 통제를 하자고 한 사람을 50년 동안 같은 조건의 실험실에 가둬놓을 수는 없겠지만).

더욱 중요한 건 실험 설계의 문제상, 위약 효과를 막을 수가 없었다는 점이다. '플라세보'라는 이름으로 잘 알려진 위약 효과는 위약(가짜 약)을 썼음에도 환자가 진짜 약으로 믿었을 때 실제로 약효가 나타나는 현상을 뜻한다. 위약 효과는 몇몇 환자에게는 증상 호전에 도움이 될지도 모르겠지만, 실험 도중에 나타나면 실험 결과를 망칠 우려가 있다. 그래서 제약회사에서 약의 효과를 실험할 때는 위약 효과를 방지하기 위해 약을 주는 사람도, 약을 받는 사람도 약의 정체를 모르는 '이중맹검법'을 실시한다. 엉거의 실험을 비판한 사람들은 관절 꺾기 실험에 이중맹검법을 적용할 수 없다고 지적했다. 즉 제대로 된 결과가 나오려면 어느 손에서 꺾기가 일어나는지 엉거

본인도 몰라야(?) 한다는 것이다. 그렇지 않으면 엉거가 믿고 바라는 대로 왼손에서 관절염이 나타나지 않는 실험 결과가 나올지도 모르니 말이다.

그의 허술한 실험 결과를 믿거나 말거나, 후속 연구 역시 엉거의 주장이 옳다는 쪽에 힘을 실어주었다. 2011년 미국 〈가정의학회지Annals of Family Medicine〉에 발표된 훨씬 자세한 연구에서는 관절을 꺾는 버릇과 관절염 사이에 유의미한 상관관계가 없다는 결론을 내렸다. 논문을 쓴 세 명의 연구자가 분석한 215명의 관절염 유병률은 손가락 관절을 꺾는 사람(18.1퍼센트)과 꺾지 않는 사람(21.5퍼센트)이 비슷했다. 관절 유형별로 검사했을 때도, 꺾은 관절에서 항상 관절염이 관찰되지는 않았다. 각 관절을 꺾어온 시간과 관절염의 발병 유무에도 상관관계가 없었다. 엉거의 50년 동안의 관찰이 어쨌든 맞은 셈이다.

우리에게 느린 과학이 필요한 이유

이런 느린 실험이 꼭 필요할까. 답답해 죽겠는데, 시간도 아까운데 좀 더 빠르게 실험을 진행할 수는 없을까. 그러나 피치가 떨어지기를 기다리는 것처럼, 느릴 수밖에 없는 과학은 존재한다. 예를 들어 생물학에서는 실험 대상이 자라기를 기다려야 해서 오래 걸릴 수밖에 없는 실험 사례가 꽤나 있다. 대표적인 실험이 미국의 진화생물학자인 리처드 렌스키~Richard E. Lenski~ 교수가 이끈 '대장균 장기 진화 실험'이다. 대장균이 세대를 따라 진화하면서 어떤 변이를 거치는지, 그러니까 진화의 속도를 알아보기 위한 실험이었다. 1988년 2월 24일에 시작된 이 실험은 2024년 기준 8만 세대를 넘기며 실험 시작 40년에 다가서고 있다. 2014년에는 영국과 독일의 공동 박테리아 연구팀이 새로운 '500년 실험'을 시작했다. 박테리아의 생존 능력이 시간에 따라 어떻게 변하는지 알아보기 위해, 박테리아들을 건조한 환경에 넣고 방사선을 쪼인 것이다. 연구팀은 25년에 한 번 박테리아를 꺼내 변화를 관찰하면서 총 500년 동안 실험을 진행할 예정이다.

느린 실험에서 나아가 '느림'의 미학 자체가 현대 과학이 잊고 있는, 그러나 꼭 필요한 덕목이라 주장하는 사람들도 있다. 현대 과학이 추구하는 가장 중요한 가치 중 하나인 '속도'로 인해 일어나는 부작용이 만만치 않기 때문이다. 같은 연구 결과를 여러 연구팀에서 발표했을 경우, 과학계는 가장 먼저 학술지에 발표한 팀에게 모든 공을 돌린다. 그 결과 경쟁 연구팀보다 먼저 결과를 발표하기 위한 속도 경쟁이 치열해졌다. 수많은 '누가 먼저 발견했나' 논쟁이 일어나는 이유기도 하다. 실제로 내가 기사를 쓰면서 만나본 과학자 중에서는 '몇 달 혹은 몇 주 차이로 다른 팀에서 연구를 먼저 발표해버려 몇 년의 연구가 말짱 도루묵이 됐다'고 하거나 반대로 '간발의 차로 연구를 먼저 발표해 학계의 주목을 받았다'는 이야기를 가지지 않은 사람이 드물 정도였다.

과학에서의 속도 경쟁은 실험 결과를 '출판하지 않을 거면 갖다 버려라Publish or Perish'라는 격언까지 낳을 정도로 심해졌다. 이런 경쟁은 더욱 심각한 결과를 가져올 수도 있다. 실험 결과를 제대로 검토하지 않고 발표해 잘못된 결론을 담은 논문을 출판하게 된다거나, 심지어는 시간에 쫓겨 데이터를 속이는 부정행위를 저지르는 것이다. 속도 경쟁이 과학에 대한 신뢰를 무너뜨리는 심각한 결과를 초래하는 것이다.

2018년, 벨기에의 과학철학자 이사벨 스텐게르스Isabelle Stengers는 저서 《다른 과학은 가능하다: 느린 과학을 위한 매니페스토Another Science is Possible: A Manifesto for Slow Science》에서 '느린 과학Slow science'의 필요성을 주장했다. 그가 말하는 느린 과학은 속도가 아니라 깊이를 더 중요시한다. 연구 결과를 급하게 내놓지 않고, 충분히 오랫동안 고민하며 검증을 중요시한다. 이렇게 만들어진 과학 지식을 일반 시민과 소통하고 협력해 신뢰를 쌓고, 모두의 지식으로 만든다. 추후에는 GMO(유전자 변형 농산물)나 기후변화 같은 과학이 연관된 사회 문제도 과학자와 시민이 함께 고민하면서 풀어나간다. 모두 시간이 필요한 일들이다.

과연 느린 과학이 진짜 가능할까. 과학적 성취를 이뤄내기 위해, 인류는 지금까지 엄청난 자원을 투자해왔다. 가장 돈을 많이 쏟은 사례를 알고 싶다면 100억 달러를 들여 만들어진 제임스웹 우주망원경이나, 건설에 95억 달러가 투자된 유럽의 강입자충돌기LHC를 보면 된다. 이 정도의 돈을 투자할 수 있다면, 과학에 시간을 좀 더 쏟는 것도 가능하지 않을까. 시간은 어쩌면 현대 과학에 투자할 수 있는 자원 중 가장 경시되고 있을지도 모른다.

눈에 보이지 않는 가치에 대하여

빛의 속도를 재기 위한 수많은 노력부터 멘델이 유전의 법칙을 알아내기 위해 진행한 완두콩 재배 실험, 개기일식을 통해 일반상대성이론을 검증한 실험까지, 자연과학의 역사는 위대한 관찰과 실험의 역사라고 해도 될 정도다. 엉거의 손가락 꺾기 실험이 허술하다고 지적받았던 것처럼, 피치 낙하 실험도 이 위대한 실험에 비할 바는 못 된다. 실은 실험이라 부를 수 있을지조차 의문이다.

실험에서 가장 중요한 것은 실험 대상과 주변 환경의 통제인데, 피치 낙하 실험에서는 이런 조건 통제가 거의 이루어지지 않았다. 애초에 피치를 어디서 구해왔는지, 피치의 조성이 어떠한지조차 모른다(오스트레일리아와 아일랜드 피치 실험의 낙하 속도가 조금씩 다른 이유가 그 때문이다. 두 피치의 조성이 다르다면, 점도도 낙하 속도도 다를 수밖에 없을 것이다). 거기다 앞서 설명했듯이, 주변 환경의 통제도 제대로 이루어지지 않았다. 건물 냉방 시스템이 가동되거나 새로운 조명 장치가 들어옴에 따라서 실험 장치의 온도가 달라졌고, 이는 피치의 점도에 영향을 미쳤다. 시간의 흐름에 따라 피치의 낙하 속도가 바뀐 것 자체가 어쩌면 이 '실험'의 불완전함을 보여주는 증거일지도 모른다. 마지막으로 피치 낙하 실험을 통해 자연에 관한 새로운 사실을 알아낸 게 별로 없다. 피치의 점도를 구하긴 했지만 그뿐, 빛의 속도나 유전의 법칙, 일반상대성이론처럼 자연을 이해하는 인간의 시각을 조금이라도 바꿀 만한 발견은 나오지 않았다.

그럼에도 왜 사람들은 여전히 피치 낙하 실험에 열광할까. 첫 번째 이유는 피치의 물성 자체에서 찾을 수 있다. 절대로 흐르지 않을 것 같은 고체가 실제로 흐른다는 반직관적인 결과가 너무나 신기하기 때문이다. 이것이 피치의 성질을 전혀 모르는 일반인에게 신기하게 다가갔을 것이다. 52년 동안 피치 낙하 실험을 지켜봐온 메인스톤 교수조차도 이그노벨상 시상식에서 (유체의 점도를 파악하는 것보다는) "사람들로 하여금 과학에 관심을 두도록 하는 데 더 큰 의미가 있다"고 밝혔을 정도다.

아마도 그보다 더 중요한 두 번째 이유는, 피치 낙하 실험이 과학자들이 느린 과학을 위해 얼마나 헌신적으로 행동할 수 있는지 보여주기 때문 아닐까. 피치 낙하 실험은 비록 큰 비용이 들지도 않고 대단한 결과를 내는 것도 아니지만, 과학이라는 행위를 수행하는 데 없어서는 안 될 끈기와 참을성을 잘 보여주는 실험이다. 그리하여 반세기는 물론 한 세기 가까이 노력해서라도 과학의 가치를 이어나가는 의지를 가진 사람들이 있음을 알려준다. 피치 낙하 실험은 학계 밖으로는 더 많은 사람을 웃기며 무정한 과학의 세계로 끌어들이고 있고, 학계 안으로는 느린 과학의 필요성을 대변하고 있다.

파넬이 시작한 피치 낙하 실험은 그의 이름을 딴 건물인 파넬빌딩의 박물관 로비에서 여전히 진행되고 있다. 이 실험의 다음 목표는 열 번째 방울이 떨어지는 장면을 포착하는 것이다. 기회가 된다면 당신도 여전히 인터넷으로 생중계 중인 피치 낙하 실험 영상을 찾아보라. 정지 화면처럼 아무 일도 일어나지 않는 영상을 시청하다 보면, 나처럼 생각하게 될지도 모른다. 피치보다 더 끈끈한 것은 어쩌면 과학자들의 끈기일 거라고.

9

당신의 편견부터 닦아주는
똑똑한 변기

한 남자가 지하 주차장에서부터 사람 한 명은 들어갈 크기의 검정 캐리어 가방을 끌고 스튜디오로 들어온다. 10월 초의 쌀쌀한 기온에도 근육질에 듬직한 체형의 성인 남자가 반팔 차림으로 땀을 뻘뻘 흘리며 끌고 올 정도로 거대한 짐이다. 캐리어를 눕히고 지퍼를 열자, 안에서 변기 커버가 튀어나온다. 정확히는, 변기 뚜껑 일체형 비데처럼 생긴 물건이다. 가방의 크기가 주는 기대감에 비해 그리 대단한 물건은 아니다. 웃음을 참으며 기계를 바라보다 남자와 눈이 마주치자 그가 멋쩍게 웃는다. "이게 바로 '스마트 변기' 견본입니다. 대소변을 측정해 건강을 관리하는 용도죠."

이 남자는 스마트 변기를 발명한 공로로 2023년 이그노벨 공중보건상을 받은 박승민 미국 스탠퍼드대학교 의과대학 비뇨기의학과 연구원이다.* 한국인으로서는 역대 다섯 번째이자, 6년 만의 이그노벨상 수상이다. 나는 박 연구원에게 이그노벨상을 안겨준 발명품인 스마트 변기에 관한 취재 겸 소개 영상을 촬영하기 위해 만남을 청했다. 스튜디오 복판에는 내가 촬영 소품으로 쓰기 위해 을지로2가의 한 욕실 업체에서 빌려온 진짜 도자기 변기가 준비되어 있었다(변기를 빌리러 을지로2가 구석구석을 돌아다니면서, 나는 패션지 에디터의 일이 이런 것과 비슷하겠구나 추측했다. 물론 그들이 먼지 쌓인 세라믹 변기를 찾아 헤매진 않겠지만 말이다). 촬영팀이 조명을 준비하는 동안, 박 연구원은 내가 준비한 변기에 '스마트 변기' 시제품을 설치하기 시작했다. 말해주지 않으면 몰라볼 정도로 평범한 비데처럼 생겼다고 하자, 박 연구원이 고개를 끄덕였다. "그럼요. 시판 비데를 개조해 만든 제품이거든요."

이윽고 전원을 연결하자, 짠! 내부의 LED가 켜지며 변기 안쪽이 신비한 푸른빛으로 물들었다. 마치 변기 안에서 환상적인 클럽 음악이라도 나올 것 같은 모양새였다. 나도 변기를 쓴 지 30년이 넘은 베테랑이지만 이런 광경은 처음 봤다. 감탄하는 내 앞에서 박 연구원이 변기에 걸터앉아 설명을 시작했다.

"스마트 변기는 대소변을 관찰해 변기 사용자의 건강을

- 박승민 연구원과의 만남은 그가 이그노벨상을 수상한 지 얼마 지나지 않은 2023년 10월에 이뤄졌다. 그는 2024년 싱가포르 난양공과대학교 교수로 부임했다.

관리하겠다는 의도로 만들어진 제품입니다." 잠깐, 대소변을 관찰한다고요? "맞습니다. 우선 사용자가 변기에 앉으면 압력 센서가 무게를 감지해 작동을 시작합니다. 그러면 변기 내부의 LED가 켜지죠." 그게 왜 켜지죠? 아니, 애초에 변기 안에 왜 LED 조명이 있어요? "카메라를 이용해 대소변을 제대로 촬영하기 위해서죠." 잠깐, 변기 안에 카메라가 있다고요? "예. 용변 과정이 시작되면 비데의 세정기가 나오는 위치에 설치한 카메라가 작동하면서 대소변을 실시간으로 관찰합니다. 대변의 크기, 형태, 색깔 등을 기록하여 사용자의 건강 상태를 추측합니다."

오, 우어, 아하. 말을 잠깐 잃은 채로 생각을 정리했다. 그러니까, 건강 상태를 측정하기 위해 당신의 대소변을 관찰하겠다는 의도로 카메라를 설치한 변기, 이것이 바로 스마트 변기다.

대소변, 실은 생체 정보의 보고

건강진단의 첫 단계는 데이터 수집이다. 누군가의 건강 상태를 알려면 침이나 땀 혹은 피처럼 몸에서 나온 물질, 즉 '인체유래물'이 필요하다. 이 유래물 속 물질의 화학 조성이나 단백질 성분 등을 분석하면 몸 상태를 자세하게 파악할 수 있다. 가장 널리 쓰이는 인체유래물은 피다. 피로 알아낼 수 있는 정보가 엄청나게 많기 때문이다. 당장 건강검진 결과지만 봐도 그렇다. 혈구 수치(적혈구, 백혈구, 혈소판의 수 등)를 통해 빈혈이나 면역 문제를, 혈당 수치로 당뇨 유무를, 콜레스테롤 수치로 심혈관 질환 위험도를 알아낼 수 있다. 그 외 간과 신장 기능은 물론 특정 질환 감염 여부, 기생충 감염 여부, 호르몬 불균형 질환까지도 파악이 가능하다.

그러나 건강검진을 해봤다면 알겠지만, 혈액 채취는 아무리 숙련된 전문가의 손길이 더해지더라도 피를 '뽑힌다'는 고통이 동반되는, 쉽지 않은 과정이다. 특히나 당뇨병 환자처럼 꾸준히 건강 상태를 추적해야 하는 상황이라면, 매번 상처를 내고 피를 흘려야 하는 과정이 괴로울 수밖에 없다. 물론 다른 인체유래물인 침과 눈물, 땀을 활용할 수도 있지만 각각의 장단점이 명확하다. 특수한 눈물 측정용 콘택트렌즈를 착용하거나, 아니면 진단을 위해 굳이 땀을 흘려야 하는 식이다. 결정적으로 침, 눈물, 땀은 피보다 훨씬 적은 양의 정보만 알아낼 수 있다. 이 상황에서 박 연구원이 주목한 재료는 또 다른 인체유래물인 대변과 소변이었다.

대소변은 피 못지않은 귀중한 생체 정보를 담고 있다. 소변은 신장에서 피를 거르고 노폐물만 남긴 결과물로, 소변을 통해 요로 감염, 결석, 신장병 등 배설계의 전반적인 상태를 확인할 수 있다. 또한 노폐물의 화학 조성을 분석하면 신체 내부의 화학물질 대사에 이상이 없는지 점검할 수 있다. 마찬가지로 대변은 신체의 중요 시스템 중 하나인 소화계 상태를 나타내는 지표가 된다. 여러 의학적 진단 과정에서 대소변 검사를 실시하는 이유다.

박 연구원이 대소변에 끌렸던 중요한 이유 중 하나는 이 인체유래물이 적어도 하루에 한두 번은 자연스레 몸 밖으로 빠져나온다는 이점 때문이었다. 평균적인 성인이 하루에 만들어내는 소변은 약 1500그램, 대변은 약 200그램이다. 단순하게 어림잡아 곱하기만 해도 인구 천만 명의 서울에서 하루에만 약 1만 7000톤의 대소변, 아니 건강 데이터가 생성된다는 뜻이다. 박 연구원에게 대소변은 하수도로 그냥 흘려보내기에는 너무 아까운 생체 정보의 보고였다.

박 연구원의 연구 시작점은 원래 '피'였다. 학부에서 물리학을 전공한 그는 대학원에서 의공학으로 방향을 틀었다. 미국 스탠퍼드의대에서 박사후연구원으로 혈액진단 기술을 연구하던 그에게 스마트 변기라는 아이디어가 찾아온 것은 2018년, 스승 고故 산지브 감비르Sanjiv Gambhir 스탠퍼드의대 영상의학과장 덕분이었다. "사실 스마트 변기 아이디어의 시작은 1980년대로 거슬러 올라가지만, 당시까지만 해도 구체적인 연구가 이뤄지지는 않았습니다. 아마도 변기와 대소변이 그만큼 터부시되는 주제였기 때문이 아닐까 싶어요." 박 연구원은 의공학계의 전설적인 인물인 감비르 교수의 격려로 스마트 변기를 개발하기 시작했다.

"그때부터 꼬이기 시작했죠, 제 인생이." 박 연구원이 덧붙인다.

똥 사진 수집도 엄연한 연구입니다!

박 연구원은 우선 대소변에서 어떤 데이터를 어떤 방식으로 모을지부터 고민해야 했다. 대소변 표본을 직접 채취할까? 이 방법은 당연히 가장 풍성한 정보를 모을 수 있겠지만, 스마트 변기의 관리가 힘들다는 문제가 있었다. 누가 매번 다 쓴 소변 검사용 막대를 새것으로 갈아주고, 대변 채취 막대에 묻은 똥을 씻어낸단 말인가.

가장 간편한 방법은 카메라로 형태를 관찰하는 것이었다. 화학적 분석만큼은 아니더라도, 물리적 형태에서도 많은 건강 정보를 파악할 수 있다는 사실이 여러 연구로 알려져 있었다. 가장 유명한 사례는 영국 브리스틀왕립병원의 케네스 히튼Kenneth Heaton 박사가 1997년에 발표한 '브리스틀 대변표'다. 그는 대변을 굳기와 형태에 따라 일곱 가지 척도로 분류했다. 이 대변표는 토끼 똥처럼 단단하고 동글동글한 덩어리인 1형부터 시작해서(오, 마감 기간에 회사에서 열댓 시간 앉아 있다가 화장실에 가면 볼 수 있는 그놈이군), 부드럽고 매끈한 바나나 모양의 4형을 거쳐 완전한 액체 설사인 7형에 이른다. 이 점도의 스펙트럼은 대변이 포함한 수분의 양에 따라 달라진다. 변비 환자에게 친숙할 1형은 장 활동이 활발하지 않아 뱃속에 오랫동안 들어앉은 대변이 대장에서 수분을 뺏기면 만들어지는 형태다. 반대로 7형은 심각한 장 질환을 앓고 있거나 오염된 음식을 먹어서, 대장에서 수분을 빨아들일 틈도 없이 바로 바깥으로 흘러나온 대변이다. 히튼 박사는 그 중간인 3~4형이 정상적인 범위에 들어간다고 분석했다. 대소변의 물리적 특징은 이 외에도 다양한 정보를 준다. 대소변의 색깔은 치질, 대장암, 요도염, 방광염, 신장 질환 등을 진단하는 데 중요한 단서가 된다. 심지어 소변의 배출 속도와 시간을 재면 전립선 이상도 체크할 수 있다. 이렇게 스마트 변기 사용자의 대소변을 촬영해 AI로 분류하여 건강을 추적한다는 아이디어가 탄생했다.

명료한 아이디어지만 이를 실현하기 위해 넘어야 할 난관은 결코 간단하지 않았다. 우선 카메라로 대소변을 찍는 일부터가 쉽지 않았다. 사용자가 변기에 앉으면 엉덩이가 외부의 빛을 차단해 내부를 촬영할 수 없었기 때문이다. 변기 안에서 엉덩이 개기일식이 일어나는 셈이다. "저희가 변기 내부에 LED 조명을 설치한 이유죠." 박 연구원이 푸르게 빛나는 스마트 변기를 가리키며 말했다(실제로 사용할 때는 백색광이 나온다고 했다).

카메라를 설치하는 위치도 문제였다. 가로 35센티미터, 세로 50센티미터 남짓한 좁은 변기 내부, 카메라를 어디에 설치해야 모든 경우의 대소변을 무리 없이 촬영할 수 있을까? 사용자가 변기에 앉으면 카메라는 언제 켜져서 언제까지 작동해야 할까? 이 질문들이 중요한 이유는 남성과 여성의 몸에서 나오는 대변과 소변의 유체역학적 성질이 다르기 때문이다. 예를 들어 남성의 배뇨 속도를 측정할 때 중력가속도만 이용해서 계산하면 실제 결과와 맞지 않았다. "방광이 주는 압력을 생각하지 않고 계산했기 때문이었죠. 이 문제를 풀면서 (앞서 1장에서 소개했던) 데이비드 후 교수와 퍼트리샤 양 교수의 소변 연구를 참조했습니다." 생체유체역학과 의공학의 팀워크가 빛나는 순간이다. 장고 끝에 스마트 변기 프로토타입에는 비데 노즐이 나오는 부분에 카메라를 설치했다. 그러나 가장 심각한 공학적 난관 중 하나는 소프트웨어 부문에서 발생했다. 스마트 변기 AI에 대변 형태를 학습시켜야 했던 것이다. "아시다시피, AI를 학습시키려면 똥 사진을 수천 장 구해야 했어요. 그걸 어디서 구하겠어요. 도대체 어떤 사람이 자기 똥 사진을 인터넷에 올린단 말입니까?"

그러나 올린 사람이 있었다(세상은 넓고 인터넷 세상은 이상하다). 박 연구원은 그의 표현에 따르자면 '한 보석 같은 블로그'에서 소화계 질환을 앓던 어떤 사람이 자신의 대변 사진 수백 장을 체계적으로 모아놓은 것을 발견했다. 다른 한편에는 그렇게 영광스럽지 않은 출처의 사진도 있었다. "레딧에 분변 기호증 관련한 게시판이 있다는 걸 처음 알았잖아요." 인터넷으로 깊고 더러운 여행을 떠난 결과, 그는 약 8000장에 달하는 대변 사진을 수집할 수 있었다. 엄청난 성과였다. 이제 이 똥 사진들을 AI가 학습할 수 있도록 후가공하는 작업이 남았다. "아르바이트로 의대생들을 모집했어요. 그리고 AI가 인식할 수 있도록 사진에 나온 똥의 외곽선을 따는 작업을 맡겼죠."

의대생들의 노고 덕분이었을까, 결과는 훌륭했다. 적어도 내가 본 영상에서는 그랬다. 사전 인터뷰에서 그가 보여준 영상을 나는 평생 잊지 못할 것이다…. 스마트 변기 AI는 변기 아래로 내리꽂히는 노란 액체 줄기와, 환한 백색 LED 조명 아래서 물속으로 풍덩 빠지는 갈색 덩어리를 실시간으로 자연스럽게 인식했다. 마치 라이다LIDAR*로 보행자를 인식하는 자율주행차 처럼 똥 덩어리가 떨어지자마자 화면에 사각형이 나타나면서 똥을 인식한 것이다.

오, 우어, 아하. 나는 너무나 잘 작동하는 대변 분류 AI에

• 빛(레이저)을 이용해 환경 내 물체의 거리를 측정하는 기술.

관한 감탄과, 미처 마음의 준비가 되지 않은 상태에서 갑작스레 타인의 배설물을 봤다는 충격이 뒤섞여… 어떤 표정을 지어야 할지 모르는 상태가 되었다. 함께 사전 인터뷰에 참석한 후배 기자의 표정을 곁눈질하니 그도 나와 별다르지 않은 기분인 듯했다. 목격자들을 이렇게 충격으로 몰아넣는 훌륭한 결과가 나왔으니, 이제 스마트 변기는 성공할 일만 남은 것 아닐까.

정말 그럴까? 잠깐 다른 이그노벨상 발명품들의 흥망성쇠를 살펴보며 뒷일을 상상해보자.

전기 충격 젓가락, 이상하지만 그리 이상하지는 않을 발명품

전통적으로 이그노벨상 수상식의 한편은 놀랍고 괴상한 발명품들이 차지해왔다. 대표적인 작품은 '브래지어 방독면'이다. 우크라이나의 엘레나 보드나르Elena Bodnar 박사가 만든 이 다목적 속옷은 체르노빌 원전 폭발 사고 당시 방독면이 부족했던 사태에서 영감을 받아 만들어졌다(자연스럽게 이 발명품은 2009년 '공중보건상'을 받았다).

물론 이보다 더 실용성을 의심할 만한 발명품도 많다. 2005년 의학상은 중성화 수술을 거친 개를 위한 실리콘 고환을 만든 공로로 미국 미주리주의 발명가 그레그 밀러Gregg Miller가 수상했다. 수캐의 고환 유무와 자존감 사이에 어떤 관계가 있는지 자세하게 밝혀진 적은 없으나, 밀러는 비록 실리콘 재질이라도 가짜 고환을 달고 있는 수캐들이 좀 더 자신감을 가질 수 있다고 생각했나보다. 한편 이그노벨의 찬란한 수상 목록을 눈여겨보면 1999년에는 그 어떤 해보다도 세기말적 발명품이 많이 등장했다. 그해에는 '팬티에 뿌려서 불륜 여부를 확인하는 스프레이'(마키노 다케시, 화학상), '마이크로캡슐을 이용해서 만든 향기 나는 양복'(권혁호, 환경보호상), '차량 강도에 대항하기 위한 페달로 작동하는 차량용 화염방사기'(샤를 푸리에 Charl Fourie, 평화상), 그리고 대망의 '원형 테이블을 돌려 생기는 원심력으로 출산을 돕는 장치'(조지 블론스키George Blonsky와 샬럿 블론스키Charlotte Blonsky, 관리의료상)가 동시에 이그노벨상을 석권했다. 어떻게 이런 생각을? '아령처럼 생겨서 도망치는 알람 시계'(가우리 난다Gauri Nanda, 2005년 경제상) 같은 발명품은 정말 아무것도 아니구나 싶은 목록이다.

    실리콘 고환 같은 발명품이 일회성 흥밋거리 이상으로 여겨지지 않는 반면, 어떤 발명품은 더 깊고 진지한 기술 혁신의 문턱에 서 있는 것처럼 보인다. 2023년 이그노벨 영양학상은 미야시타 호메이宮下芳明 일본 메이지대학교 교수 연구팀의 '싱거운 음식도 짜게 느끼는 젓가락'이 수상했다. 말 그대로 소듐

(나트륨) 과다 섭취로 인한 성인병을 예방하기 위해 짠맛을 실제보다 더 강하게 느끼도록 만드는 젓가락이다.

의도도 결과도 좋은 이 발명품이 이그노벨상을 받게 된 핵심은 기술적 방법론이다. 그 방법론이란, 혀에 미세한 전기 충격을 주어 짠맛을 느끼게 한다는 것이다. 뭐! 이게 말이 되나? 말이 된다. 혀는 미세한 전기를 흘려보낼 때 특정한 맛을 더 강하게 느낀다. 이를 '전기 미각'이라 부른다. 이 현상은 1752년 스위스의 수학 교수였던 요한 게오르크 줄처Johann Georg Sulzer가 처음 기록했을 정도로 오래전부터 알려져 있었다(전기 연구를 하던 줄처가 왜 배터리 사이에 자신의 혀를 넣어봤는지는 여전히 베일에 싸여 있다).

2011년, 미야시타 교수는 당시 제자였던 나카무라 히로미中村裕美와 함께 그리 주목받지 않던 전기 미각 현상을 공학적으로 응용했다. 그는 빨대나 포크, 젓가락 같은 식기를 전기회로에 연결해 음식의 맛을 바꾸는 방법을 검토했다. 그 연구의 결과물로 나온 것이 2022년 발표한 저염분 젓가락이다. 내 상상과는 다르게 저염분 젓가락의 실제 전기 자극은 미약한 수준지만, 개념적으로는 상당히 폭력적이다. '전기 충격 젓가락'이라는 폭력적인 미식 관습이야말로 이그노벨상과 잘 어울리지 않는가.

그러나 저염분 젓가락은 미야시타 교수의 연구실에서 진

행하는 연구 중 빙산의 일각에 불과하다. 이들 연구팀은 이미 2021년 12월, '혀로 맛보는 TV(Taste the TV)'를 발표해 일약 세계적 주목을 받은 바 있다. TV 내부에 단맛, 짠맛, 신맛 등의 맛을 내는 샘플 액체 열 가지를 장착하고, 특정 음식 화면이 나오면 샘플 액체를 조합해 화면에 붙인 위생 필름에 분사하는 방식이다(그러나 연구 발표 시기가 좋지 않았다. 한창 코로나19 바이러스로 전 세계가 위생에 민감한 시기였기 때문에, 핥는 TV에 관해 '비위생적이다'라는 의견이 SNS 반응의 대다수를 차지했다). 다른 연구는 더 독창적이다. 특히 내 마음에 쏙 든 연구는 향을 만드는 방향성 화합물만 따로 코에 쏘아 마늘을 먹지 않고도 마늘 맛을 느끼게 하는 '입냄새 안 나는 마늘 장치(대신 만들어지다 만 것 같은 헬멧을 착용한 채로 저녁 식사를 해야 한다)', 압력을 받으면 전기가 만들어지는 압전소자를 활용해서 무한대로 맛을 내는 '영구적으로 씹는 전자 껌'이었다(삼키면 어떡해야 할지는 적혀 있지 않다).

왜 이런 발명품을 만드는 것일까. 미야시타 교수는 이메일 인터뷰를 통해 자신의 범상치 않은 경력을 내게 풀어놓았다. "학사는 영상공학, 석사는 음악교육학을 전공했습니다. 박사 학위는 '인간-컴퓨터 상호작용human-computer interaction, HCI' 연구로 받았죠." 그가 연구하는 HCI는 말 그대로 인간과 컴퓨터 사이에서 일어나는 상호작용을 연구하는 분야로, 대개 사용자

인터페이스에서 일어나는 일에 집중한다. 키보드와 마우스로 정보를 입력하는 일, 모니터와 스피커로 출력된 정보를 받는 일 등이다. 컴퓨터와 인간 사이를 오가는 정보는 대개 시각과 청각이라는 감각에 국한되어 있다. 미야시타 교수의 연구 목표는 컴퓨터를 포함한 전자장치상에서 지금까지 버림받았던 후각과 미각 등의 감각을 구현하는 것이다. 그는 "사람들이 집에서도 지구 반대편의 식당에서 식사하는 경험을 할 수 있도록" 컴퓨터로 맛을 재현하는 기술을 연구하고 있다. 전기 자극을 통해 미각을 생성해내는 것도 그 일환이다.

HCI의 관점에서 미야시타 교수팀의 연구를 바라보면, 이제 더 이상 웃기지 않다. 전기 미각 젓가락, 핥는 TV, 전자 껌 모두 오히려 새로운 컴퓨터 감각 재현의 최첨단에 있는 장비들의 프로토타입으로, 충분히 납득 가능한 실험의 결과로 보인다. "기존 음식의 한계를 돌파하는 연구를 발표해서 가능성을 발전시키고 싶습니다." 미야시타 교수의 목표는 이런 발명품을 상용화해 미각 콘텐츠를 다운로드해서 즐기는 일이 가능해지는 미래를 만드는 것이다. 그는 나아가 독버섯의 맛을 보는, 지금까지 불가능했던 일도 전기 미각 연구를 통해 가능해지리라고 꿈꾼다.

그 미래는 언제 현실이 될까. 먼저 기술적 연구가 더 필요하다. 시청각에 비해 후각과 미각은 실제 경험에 준하는 수준으로 재현하기 어려운 감각이다. 인지 메커니즘이 어느 정도 밝혀진 시각, 청각과 달리 아직도 밝혀낼 거리가 많은 신비의 분야다. 게다가 후각과 미각 감각을 재현하려면 수많은 화학 물질의 섬세한 조합을 만들어야 한다. 그러나 이 발명품들이 널리 퍼지고 쓰이기 위해 넘어야 할 더 중요한 난관은 기술적 측면이 아니라 사회적 측면일지도 모른다. 특히 사회적 터부를 건드리는 경우라면 더욱 그렇다. 박 연구원의 스마트 변기가 바로 그 난관을 겪고 있었다.

성공적인 연구, 잇따른 좌절
화장실이란 편견을 넘어서

박 연구원의 첫 스마트 변기 논문은 2020년 4월 국제학술지 〈네이처 바이오메디컬 엔지니어링Nature Biomedical Engineering〉에 실렸고, 학계는 물론 대중의 뜨거운 관심을 받았다. 구글 스칼라에 따르면 이 논문은 4년 남짓한 기간 동안 130번 넘게 인용됐다. 한두 번 인용되는 논문을 쓰기도 쉽지 않은 학계에서 눈에 띄는 성과였다. 박 연구원은 이후로도 〈네이처〉와 〈사이언스〉의 자매지에 스마트 변기 논문을 발표했다. 그 과정에서 미국항공우주국NASA 측으로부터 공동 연구를 제의받기도 했다. "당시 NASA는 10년 내로 유인 심우주 탐사 계획을 추진하

려 했어요. 장기간의 우주 탐사에서 건강을 체크하기 가장 적당한 방법이 스마트 변기라고 생각한 거죠."

이런 폭발적인 관심에도 불구하고, 성공이 쉽게 찾아오지는 않았다. 오히려 반대였다. 스마트 변기의 가능성을 내다보던 감비르 교수가 첫 연구 발표 두 달 후에 암으로 갑자기 세상을 떠났다. 후임 지도교수를 포함한 학계는 스마트 변기에 냉소적인 반응을 보였다. "한번은 새 지도교수에게 세미나 자료를 만들어서 보냈더니, 불같이 화를 낸 일이 있었습니다. 발표 자료에 대소변 이미지가 들어가 있다며 연구가 장난이냐는 반응을 보였죠. 이전까지만 해도 그런 일이 없었어요." 학계에 따라 대소변에 관한 인식이 극명하게 다르다는 점을 보여주는 사례였다.

"함께 일하는 연구원 중에서, 의학계 종사자들은 대소변 이미지를 대수롭지 않게 받아들입니다. 비뇨기과나 항문외과 연구자들에게 대소변은 너무나 자연스러운 연구 소재니까요. 화학공학이나 의공학 등 다른 분야 연구자들에겐 그렇지 않았습니다. 대소변을 사회적 터부로 강하게 느끼고 있었어요." 대소변이라는 연구 소재는 다른 곳에서도 박 연구원의 발목을 잡았다. 유수의 국제학술지에 논문이 실리고 연구 성과가 좋은 편이었음에도, 번번이 연구비 지원 사업에서 떨어지고 교수 임용에서 탈락하기 일쑤였다. "미국과 한국의 여러 대학에서 교수 임용 면접을 보면서 '당신의 연구 주제는 너무 튄다'는 이야기를 매번 들었습니다."

한편 대소변이라는 연구 소재는 사생활 침해라는 훨씬 심각한 문제도 불러왔다. 다리 사이에 카메라를 설치할 때 일어나는 여러 문제 중에서도 대표적인 사례는 스마트 변기의 사용자를 구별하는 방법이었다. 하루에도 여러 사람이 변기를 사용할 텐데, 방금 용변을 본 사람이 누구인지 어떻게 알아낼 것인가? "처음에는 물 내리는 레버에 지문인식 스캐너를 장착했어요. 하지만 모든 변기가 레버를 달고 있진 않죠. 지문인식 장치를 달면 가격도 비싸지고요."

가장 급진적인 시도는 '항문 주름 인식 스캐너'였다. 스페인의 초현실주의 화가인 살바도르 달리가 "항문 주름이 사람마다 천차만별로 다르게 생겼다"고 언급했다는 걸 들은 박 연구원이 낸 아이디어였다. 지문이나 홍채, 손등 혈관처럼 개인마다 고유한 생체 정보로 항문 근육 주름을 활용한다는 것이다. 그러려면 카메라가 항문을 관찰하고, 스마트 변기의 AI가 항문을 분석해야 한다. "당연히 반발이 심했어요. 민감한 부위를 보여주는 데 사람들의 거부감이 심했고, 이에 대한 윤리적 문제도 제기됐죠." 얼핏 예전 기억이 스쳐갔다. 처음 스마트 변기 뉴스를 읽었을 때의 내용이 바로 이 부분이었기 때문이다 (그로부터 3년간 이 연구가 언젠가 이그노벨상을 받을 거라는 데 내기를 걸고 기다려왔다). 특히나 한국은 '화장실 몰카'라는 불명예스러운 범죄로 유명세를 탄 곳이 아닌가. 남성은 물론 대다수 여성에게 스마트 변기는 아무리 의학적 효과가 좋다 해도 쓰고 싶지 않은 장비일 가능성이 컸다.

다른 측면의 프라이버시 문제도 생겨날 수 있다. 클라우드 어딘가에는 스마트 변기 사용자의 인체유래물 데이터가 대규모로 보관될 것이다. 이 자료가 사고로 유출될 위험성도 고민해야 한다. 그 누구도 자기의 대소변 사진이 널리 퍼지는 일은 원치 않을 테니까. 어떻게 사용자의 위신을 보존하고 감수성을 해치지 않으면서 인체유래물 데이터만 구별해 안전하게 보관할 것인가? 어쩌면 스마트 변기가 가진 진정한 문제는 기술적인 부분보다도, 문화적인 부분에 더 가까웠다. 인터넷에서 똥 사진 8000장을 모으는 일은 이런 터부를 극복하고 사람들을 안심시키고 스마트 변기를 보급하는 일에 비하면 식은 죽 먹기일지도 모른다.

당연히 박 연구원도 스마트 변기에 관한 사회적·윤리적 문제를 성찰했다. 이에 관련한 고민을 모아 논문으로 내기도 했다. "하지만 제아무리 스마트 변기를 좋아해도 항문 인식 카메라에 관한 거부감은 넘기 쉽지 않을 것 같은데요?" 내가 되묻자 박 연구원이 고개를 끄덕였다. "현재는 핸드폰과 페어링해서 데이터를 분류하는 방향으로 연구 중입니다. 누구든 화장실에 갈 때는 핸드폰을 들고 가니까요."

박 연구원이 왜 이렇게 변기에 집착하는지 이해하기 어려울 수도 있겠지만, 화장실은 보건 문제의 중심에 있다. 실은 유사 이래 화장실이 보건 문제의 중심에 서지 않은 경우가 없었다. 현대인은 물 한번 내리면 대소변이 깔끔하게 사라지는 것이 얼마나 마법과도 같은 일인지 깨닫기 쉽지 않다. 그러나 위생 시설은 의학사상 가장 위대한 성과 중 하나로 꼽힌다. 2007년 〈영국의학저널 British Medical Journal〉이 독자를 대상으로 지난 160여 년간 가장 중요한 의학적 성과를 묻는 설문 조사에서 항생제, 피임약, 마취제 등의 쟁쟁한 경쟁자를 물리치고 '깨끗한 물과 하수도'가 1위를 차지할 정도였으니까. 이 영광의 이유는 화장실이 기생충부터 대변에서 유래하는 설사, 이질, 콜레라 등의 수인성 전염병을 차단해줬기 때문이다. 유니세프는 매년 220만 명에 달하는 개발도상국 어린이들이 설사병으로 죽는다고 분석했다. 마이크로소프트의 창립자인 빌 게이츠가 만든 '빌앤멜린다게이츠재단'이 저개발 국가의 친환경 화장실을 개발하기 위해 '화장실 재발명 Reinvent the Toilet' 프로젝트를 진행한 이유이기도 하다.

스마트 변기는 나아가 화장실을 건강 관리의 첨병으로 만들겠다는 시도다. 현대 의학의 초점은 이미 발생한 질환을 치료하는 데에서, 평소의 건강을 관리해 질환을 예방하는 쪽으로 옮겨가는 중이다. 질병을 치료하는 데 너무나 많은 자원이 소모되기 때문이다. 스마트 변기가 매일매일 관찰한 대소변 데이터가 쌓이면 사용자의 식생활이 불균형하진 않은지 알 수 있고, 대장암 같은 심각한 질환을 조기에 찾아낼 가능성도 크다. 이미 변기 내부라는 미답지를 최초로 탐험한 사람답게, 박 연구원이 연구를 진행하며 얻은 자료도 이전에 본 적 없는 놀라움의 연속이었다.

"대소변을 관찰하기만 해도 뜻밖의 데이터를 얻을 수 있습니다. 예를 들어, 똥이 몸 밖으로 빠져나오기까지의 시간을 잴 수 있는데 평균 2초 정도 걸려요. 그런데 어떤 경우에는 최장 2분 동안 똥이 매달려 있기도 합니다(다시 한 번 터지는 나지막한 탄성). 이런 데이터가 나중에 어떤 의학적 가치를 지닌 연구로 돌아올지 누가 알겠습니까."

죽음의 계곡을 넘고 다윈의 바다를 건너

이상하고 혁신적인 기술은 어떻게 첨예한 터부의 감정을 이겨내고 사회에 흡수되는 것일까. 다르게 말하면, 우리는 나중에 TV를 핥고 스마트 변기에서 용변을 보게 될까?

유사 이래 수많은 발명품이 사회를 바꿔왔다. 그보다 더 많은 대단한 발명이 세월의 더께 아래로 잊혔다. 한 예가 자전거다. 자전거는 인간의 힘으로 움직이는 가장 효율적인 탈것이다. 개발도상국부터 선진국까지, 생활에 필수적인 이동 수단부터 취미의 영역까지 다양하게 활용된다. '인간의 힘으로 움직이는 이동 수단'이라는 자전거의 아이디어는 넓게 보면 무려 17세기 말인 1696년까지 거슬러 올라간다. 그 후 100년이 넘는 기간 동안 수많은 개량품이 유럽에서 만들어졌지만, 한 번도 성공한 적은 없었다.

자전거라는 아이디어를 되살린 사람은 카를 폰 드라이스Karl von Drais라는 독일 귀족이었다. 몇 번의 실패 끝에 그는 1817년 '드라이지네' 혹은 '벨로시페드'라 부르는 페달 없는 자전거 비슷한 발명품을 내놓았다. 드라이스는 이 기계를 가지고 유럽 전역을 돌며 시범 행사를 벌였다. 반응은 천차만별이었다. 엄청난 열광, 비웃음과 혹평이 동시에 나타났다. 그러나 1818년경이 되자 드라이지네에 관한 관심은 시들해졌다.

역사학자 데이비드 헐리히는 저서 《세상에서 가장 우아한 두 바퀴 탈것》에서 최초의 두 바퀴 탈것은 엄청난 사회적 저항에 부딪혀 제대로 발전하지 못했다고 지적했다. 영국에서는 드라이지네를 웃음거리로 만든 인쇄물이 80여 점이나 발간될 정도였다. 라이더들은 거리에 드라이지네를 타고 나갔다가 종종 언어폭력을 포함한 노골적인 위협을 당했다. 드라이지네는 허영심으로 가득 찬 멋쟁이들이 타고 다니는 기계, 엘리트 계층의 장난감이라는 인식이 팽배했다. 그러나 헐리히는, 자전거를 놀리기 위해 만들어진 풍자 인쇄물들이 자전거를 대중에게 빈번하게 노출시켜 자전거의 발전을 촉진시켰을지도 모른다고 설명한다. 엘리트 계층의 장난감이라는 악평도 멋쟁이가 되고픈 몇몇 사람을 매료시켰을 수 있다는 것이다. 초반의 열광적인 관심이 잦아들자, 자전거를 진심으로 좋아하는 소규모 애호가 모임이 자전거를 개량했다. 결국 50년이 더 지난 1868년 프랑스에서 자전거가 다시 돌아왔다. 그리고 이번에는 사라지지 않았다.

자전거의 반대편에는 세그웨이가 있다. 딘 케이멘Dean Kamen이 2001년에 발명한 세그웨이는 전자동 두 바퀴 탈것으로, 전기로 충전하면 최고 시속 20킬로미터로 움직였다. 2000년대 초만 해도 세그웨이는 도시에서의 친환경 교통수단으로 각광받았고, 애플의 스티브 잡스가 "PC보다 위대한 발명"이라 칭송했다고 알려질 정도였다. 그러나 상용화되기에는 가격이 비쌌고, 기존 교통수단과의 경쟁에서 살아남지 못했다(시속 20킬로미터라는 속도가 인도에서 타기엔 너무 빠르고, 차도에서 타긴 너무 위험했기 때문이라는 분석이 있다). 심지어 2010년에는 세그웨이사 사장이 세그웨이를 타다 추락사하는 사고가 일어나면서 세그웨이의 퇴장을 앞당겼다. 그 실패가 너무나 극적이어서 기술사 연구서에는 무조건 수록될 정도다. 물론 자전거처럼 오랜 시간 후에 다시 돌아올지는 아무도 모를 일이지만.

　자전거와 세그웨이의 사례는 어떤 발명품의 성공은 그에 깃든 기술적 훌륭함에만 좌우되지 않는다는 점을, 심지어는 별 관련이 없을 수도 있다는 사실을 보여준다. 혁신적인 기술과 사업적 성공은 다른 이야기이고, 그 사이에는 사업가들이 자주 언급하는 '죽음의 계곡'과 '다윈의 바다'가 놓여 있다. 죽음의 계곡은 기술 개발과 사업화 사이에 존재하는 간극을 일컬으며, 다윈의 바다는 사업화 후 시장에서 다른 제품을 제치고 성공하기 위한 경쟁을 의미한다. 그 사이에서 수많은 발명품이 계곡으로 추락하고 해저에 가라앉는다. 어떤 기술은 기술적 잠재력과는 무관하게 사회적 터부를 극복해야 한다. 반대로 기술 면에서 뛰어나지 않은 발명품이 예상치 못한 대규모 성공을 거두기도 하며, 당대에 우스꽝스러워 보인다고 해서 모두 사라지는 것도 아니다. 돌이켜보면 에디슨의 전구와 알렉산더 그레이엄 벨의 전화가 이렇게까지 세계의 모습을 뒤바꾸리라 예측한 당대인도 없었다. 기술의 성공은 그만큼 예측하기 힘들다. 그것이 아마도 수많은 연구자가 미래를 예측하는 데 실패한 이유일 것이다.

　앞에서 본 이그노벨상 수상 발명품은 어떨까. 미야시타 교수팀의 연구는 2025년 1월, 미국 라스베이거스에서 열린 소비자가전전시회CES에서 '소금 숟가락'이라는 명칭으로 본격적

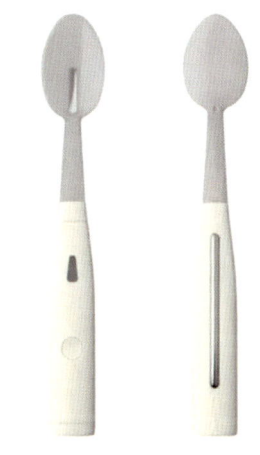

미약한 전류를 이용해 짠맛을 느끼는
감각만을 증폭시키는 소금 숟가락.
ⓒKirin Holdings

으로 데뷔했다. 미야시타 교수팀과 일본 식품회사 기린홀딩스의 협업으로 만들어진 이 숟가락은 손잡이 부분의 버튼을 눌러 4단계에 걸친 짠맛을 느끼게 하는 구조다. 여러 언론 보도에서, 소금 숟가락을 사용해보는 수많은 사람의 얼굴에서는 작은 웃음기조차 찾아볼 수 없었다. 심지어 소금 숟가락은 세계 최대 규모의 전자 박람회인 CES(소비자 가전 전시회)에서 '디지털 헬스'와 '접근성 및 노인기술' 두 부문에서 CES 혁신상을 수상했다. 미야시타 교수팀의 연구는 비웃음과 가십을 넘어, 이제 막 다윈의 바다로 출항하기 위한 돛을 올린 것이다.

스마트 변기는 죽음의 계곡을 지나 상용화를 위해 분투 중이다. 현재 박 연구원이 스마트 변기 기술을 적용하려는 곳은 노인복지시설이다. 그는 한국의 한 스타트업과 힘을 합쳐 스마트 변기를 만들고 있다. 시제품이 나오면 요양원 등 노인복지시설에서 효용을 검증할 예정이다. "노인들의 20~30퍼센트가 변비를 겪고 있습니다. 변 상태를 직접 관리하기는 어려운데, 스마트 변기를 통해 이 과정을 자동화하면 개개인에 맞춤한 식습관이나 운동요법을 추천할 수도 있죠." 건강 상태를 꾸준히 추적하여 가장 큰 성과를 거둘 수 있는 대상이 노인이고, 노인들에게 스마트 변기가 대중화될 수 있다면 그다음으로 소아, 환자 등 더 넓은 범위에서도 스마트 변기가 쓰일 수 있다는 기대이다.

이그노벨상 수상 발명품들은 웃음과 혁신, 다가올 미래 사이에서 분투하는 연구자들의 노력을 촬영한 스냅 사진과도 같다. 그 누구도 웃음거리가 되기 위해 새로운 발명품을 만들진 않는다. 박 연구원 또한 웃기려고 스마트 변기를 만들진 않았다. 과연 박 연구원의 스마트 변기는 현재 모습 그대로 혁신이 되어 사회를 극적으로 뒤흔들까? 괴상한 프로토타입과 관련한 전설을 남겨두고 노인과 환자 등 기술을 필요로 하는 사람들에게 더 세련된 방식으로 다가가며 천천히 사회에 스며들게 될까? 그도 아니라면 유머난에서 잠깐 다뤄진 후 서서히 잊히고 사라질까? 두고 볼 일이다.

| 10 |

이그노벨상과 노벨상은 의외로 가깝다

1996년의 어느 금요일 밤, 네덜란드 네이메헌에 위치한 랏바우트대학교의 안드레 가임Andre Geim 교수는 이상한 실험을 시작했다. 자신이 몸담고 있던 고자기장 연구실의 가장 중요한 실험 장비인, 전 유럽에서 제일 강력한 20테슬라(T) 성능의 전자석 한가운데에 물을 부은 것이다.

14년 후, 그는 스톡홀름에서 열린 한 강연에서 당시의 일을 이렇게 회상했다. "장비에 물을 붓는 것은 확실히 표준적인 과학 연구 방법은 아닙니다. 그리고 내가 왜 그런 '전문가답지 않은' 짓을 했는지도 기억이 잘 나지 않아요." 어쩌면 그날 저녁 마신 몇 잔의 맥주가 그에게 전문가답지 않은 짓을 할 용기를 줬을 수도 있다. 혹은 타향살이의 스트레스나 직장에서의 압박이 그를 돌발적인 행동으로 이끌었을 수도 있다.

안드레 가임은 1958년 소련에서 태어났다. 우연한 계기로 자신이 좋아하던 입자물리학이나 천체물리학이 아닌 고체물리학을 전공하게 됐다(누군가 실수로 학생이던 그를 지원하지도 않은 고체물리학 그룹에 넣었다고 인터뷰에서 밝힌 바 있다). 박사 학위 과목인 금속물리학이 너무 지루해서 더는 이 학문을 공부하고 싶지 않다고 생각할 무렵, 소련의 붕괴라는 역사적 사건이 일어났다. 새로 들어선 신생국가 러시아에는 정치적 혼란과 경제적 파탄이 뒤따랐고, 그 차가운 바람은 연구계에도 들이닥쳤다. 지원이 중단되면서 연구를 지속할 수 없는 처지에 놓인 것이다. 다행히 그즈음 가임은 고향을 벗어나 유럽에서 일자리를 구할 수 있었다. 그 후 유럽을 떠돌며 박사후연구원 생활을 이어가다가, 막 네덜란드에 자리를 잡아 나노 스케일 초전도성을 연구하던 참이었다(그리고 그의 말에 의하면 '네덜란드의 이상한 연구 시스템'에 적응하느라 엄청난 스트레스를 받고 있던 참이었다).

가임 교수가 전자석에 물을 붓게 된 에피소드에 관해서는 여러 버전의 이야기가 있지만, 그는 스톡홀름 강연에서 당시 자성을 띤 물에 대한 소문을 듣고 이를 실험하기 위해 강한 전자석에 물을 부었다고 밝혔다. 수도관에 자석을 달아놓으면 물의 석회질을 제거해 더 깨끗한 물을 마실 수 있다는 소문이 돌았는데, 정말인지 확인해보고 싶었다고 말이다(지금까지도 이 소문의 진위는 증명되지 않았다). 고자기장 연구실의 20테슬라

전자석을 어떻게든 실험에 활용해보기 위한 몸부림이었다.

놀랍게도, 가임 교수가 전자석 중간에 있는 길고 좁다란 구멍에 부은 물은 곧바로 바닥에 떨어지지 않고 전자석 중심에 떴다! 그 자리에 함께 있던 학생과 공중에 둥둥 뜬 물방울을 가지고 놀던 가임 교수는 문득 이 현상이 물분자가 가진 '반자성' 때문이라는 데 생각이 미쳤다. 물질은 자기장에 노출되면 종류에 따라 여러 가지로 반응한다. 우리가 잘 아는 철은 옆에 자석을 가져다두면(즉, 외부 자기장을 가하면) 자석이 된다. 이후 자석을 치워도(외부 자기장을 없애도) 자석의 성질을 유지한다. 이런 물질을 '강자성체'라 한다. 물은 이와 반대인 '반자성체'로, 외부 자기장을 걸면 오히려 약한 반발력이 생긴다. 외부 자기장과는 반대 방향으로 자성을 띠는 것이다.

물은 매우 미약한 반자성을 가진다. 수도꼭지 아래 말굽자석을 갖다댄다고 해서 떨어지던 물방울이 밀려나거나 위로 올라가는 일은 없다는 말이다. 하지만 수도꼭지 아래에 매우 매우 강한 자석을 갖다대면 어떨까? 가임 연구팀이 한 일이 그와 비슷했다. 그날 밤 그들은 전 유럽에서 가장 강한 전자석 중간에 물을 흘렸고, 물방울을 바닥으로 떨어뜨리려는 중력과 비슷한 크기의 반발력이 전자석을 통해 생성되었다. 두 힘이 운 좋게도 비슷한 크기로 서로를 상쇄하면서 물방울이 공중에 떠오른 것이다.

알고 보니 그들의 물장난은 물의 반자성을 실험으로 구현한 최초의 사례였다. 이 결과에 가임 교수는 물론 다른 자기장 연구자들도 충격을 받았다. 심지어 가임 교수의 연구 결과가 거짓이라고 주장한 사람도 있었는데, 아무래도 전자석 중간에 물을 부어본 사람이 가임 교수가 처음이었기 때문이리라. 그런데 물이 반자성을 가지고 떠오른다면, 내부에 수분을 가득 포함한 다른 재료도 물처럼 공중에 띄울 수 있지 않을까? 가임 교수는 전자석 중간의 구멍에 딸기, 토마토, 헤이즐넛 등의 식재료를 가져와 띄우기 시작했다. 다양한 실험 재료 중에서도 가장 유명해진 것은 개구리였다. "물방울이 떠 있는 모습도 장관이지만, 살아 있는 동물이 공중에 떠 있다면 더 장관일 테니까요."

1997년 6월 4일, 가임 교수 연구팀은 〈유럽물리학저널 European Journal of Physics〉에 물의 반자성에 관한 연구 결과를 담은 논문을 투고했다. 논문 제목은 'Of flying frogs and levitrons'으로, 번역하자면 '날아다니는 개구리와 레비트론에 관하여'이다. 이 논문은 레비트론이라는 공중부양 팽이와 반자성체의 자기부양 메커니즘을 비교하면서, 반자성체가 공중에 안정적으로 떠 있는 것이 어떻게 가능한지 수학적으로 증명한 내용을 담고 있었다.

좁은 전자석 중간에 명상을 하듯 가만히 떠 있는 개구리

사진은 과학자들은 물론 대중의 상상력까지 사로잡았다. 공중 부양 개구리는 〈피직스 투데이Physics Today〉를 비롯한 물리학 잡지뿐 아니라 이란, 몽골 등 전 세계의 신문 지면을 장식했다. 이 연구에 주어진 2000년 이그노벨 물리학상 정도는 사소하게 느껴질 정도의 열광적인 반응이었다. 물론 자신들의 연구 분야를 저속하게 만들었다는 동료 연구자들의 불만도 있었지만 상관없었다. 이 연구를 좋아한 네덜란드 정부가 이듬해 많은 연구 자금을 지원했기 때문이다. 그러면 가임 교수에게 이용만 당한 불쌍한 개구리는? "다행히 개구리는 살아 있는 채로 생물학과로 돌려보냈어요." 가임 교수의 말이다.

여기까지만 들으면 가임 교수는 공중부양 개구리로 이그노벨상을 받은, 상당히 유쾌하고 적당히 재밌는 연구자처럼 보인다. 근데 이 사실은 여러분도, 가임 교수 본인도 몰랐을 거다. 가임 교수가 딱 10년 후에 이그노벨상이 아닌, 진짜 노벨상을 받는다는 사실 말이다.

딴짓이 허용되는 '금요일 밤 실험'

개구리 공중부양 실험의 새롭고도 유쾌한 경험은 이후 가임 연구실에서 '금요일 밤 실험Friday Night Experiments'이라는 시리즈로 발전했다. 금요일 밤 실험은 개구리를 공중에 띄우는 것처럼, 고체물리학 연구실의 주요 프로젝트와는 관련 없는 새로운 실험과 사이드 프로젝트에 도전하는 시간이었다. 엉뚱하거나 장난기가 다분해도 상관없었고, 실패할 가능성이 크더라도 무엇이든 자유롭게 시도할 수 있었다. 물론 너무 많은 시간과 에너지를 들일 수는 없었다. 가임 교수는 연구실을 운영하는 입장에서, 금요일 밤 실험을 어느 선까지 진행할지 결정해야 했다. 적어도 하나의 실험에 몇 달이 필요한데, 이 실험이 더 길어진다면 연구원들의 경력이 위태로워질 수 있기 때문이었다.

이후로 약 15년 동안 가임 교수팀은 20여 차례의 금요일 밤 실험을 진행했고 대부분 실패했다. 눈에 띄게 성공한 건 딱 세 가지였다(이에 대해 가임은 "10퍼센트가 넘는 놀라운 성공률"이라고 밝혔다). 첫 번째는 그들에게 이그노벨상의 영광을 안겨준 개구리 공중부양 실험이었다.

두 번째는 '게코(도마뱀붙이)테이프'로, 어디에나 잘 붙어서 기어오르는 도마뱀붙이의 발을 본떠 만든 테이프였다. 아열대 지방을 여행하다 보면 간혹 실내 벽에 도마뱀붙이가 붙어 있는 모습을 볼 수 있는데, 이들의 발바닥에는 약 50~100마이크로미터(μm, 1마이크로미터는 100만분의 1미터다) 길이의 강모가 수없이 나 있다. 이 강모에는 아주 가는 털인 섬모들이 달려 있는데, 이들이 벽과의 접착력을 일으킨다. 벽과

털은 '판데르발스힘Van der waals force'이라는 미세한 인력을 발생시키는데, 수많은 섬모 구조가 미약한 판데르발스힘을 강화시켜 물체 표면에 붙을 수 있다. 연구팀은 여기서 착안한 아이디어로 테이프를 만든 것이었다. 그들이 만든 게코테이프는 접착력은 좋았으나 몇 번 뗐다 붙였다 하면 성능이 현저히 떨어졌고, 결국 잡화점에서 게코테이프가 팔리는 일은 없었다. 개발과 사업화 사이 '죽음의 계곡'을 넘는 데 실패한 것이다.

그리고 마지막, 세 번째로 시작한 또 다른 금요일 밤 실험이 그를 노벨상의 길로 이끌었다. 그 실험의 주제는 '그래핀'이었다.

기묘한 그래핀을 만들기 위한 57년 동안의 노력

2001년 안드레 가임은 6년 동안 스트레스를 안겨준 네덜란드를 떠나 영국 맨체스터대학교 교수로 부임했다. 이곳에서 새 연구실을 꾸리면서 그는 신입 박사과정 연구원이 진행할 사이드 프로젝트로 '가능한 얇은 흑연 필름', 즉 그래핀을 만들기 시작했다.

그래핀은 흑연과 같은 탄소 동소체 중 하나다. 이렇게 말하면 아무래도 어려우니 친숙한 연필심에 든 흑연으로 설명을 시작해보자. 흑연은 탄소 원자가 모여서 이루어진 물질이다.

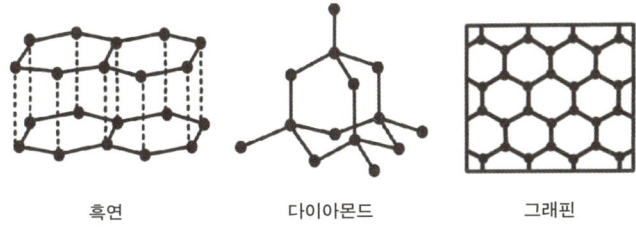

흑연　　　　　다이아몬드　　　　그래핀

탄소 동소체인 흑연, 다이아몬드, 그래핀의 구조. 흑연은 한 개의 탄소 원자가 세 개의 다른 탄소 원자와 공유 결합을 이루며, 층상 구조로 각 평면이 쉽게 떨어진다. 다이아몬드는 한 개의 탄소 원자가 다른 탄소 원자 네 개와 정사면체 모양으로 결합한 그물 구조다. 그래핀은 한 층의 정육각형 모양을 가진다. ⓒalchemysciviz

정확히는 각 탄소 원자가 같은 평면 위에 있는 인접한 탄소 원자 세 개와 육각형 모양으로 공유결합을 이루고, 이 탄소층이 층층이 쌓이면 흑연이 된다. 연필을 써봤다면 알다시피 흑연은 검고, 잘 부스러진다. 흑연의 층과 층 사이는 매우 약한 판데르발스힘으로 연결되어 있어, 조그만 힘에도 층이 쉽게 무너져 종이에 검은 자국을 남기게 된다.

그런데 흑연은 탄소 원자가 모여 만들 수 있는 여러 물질 중 하나에 불과하다. 흑연과 대조되는 탄소의 또 다른 충격적인 모습이 바로 다이아몬드다. 다이아몬드가 흑연과 같은 원소로 만들어졌다고? 진짜다. 다이아몬드와 흑연의 차이는 탄소 원자들의 결합 방식이다. 다이아몬드는 탄소 원자들이 다른 탄소 원자 네 개와 정사면체 모양으로 공유결합을 통해 만들어진다. 이 공유결합은 엄청나게 강한데, 따라서 다이아몬드는 세상에서 가장 경도가 높은 물질이다. 이렇게 같은 원소의 원자가 모여 있다 하더라도 결합의 형태에 따라서 다양한 형태의 물질이 만들어질 수 있는데, 이들을 '동소체'라 부른다.

동소체를 만드는 원소는 꽤 많다. 성냥에 쓰이는 인(P)도, 통조림 캔에 들어가는 주석(Sn)도 동소체를 만든다. 그러나 탄소가 유독 특별한 이유는 여러 원소 중에서도 유별나게 많은 동소체를 만들기 때문이다. 흑연과 다이아몬드는 물론, 축구공을 닮은 풀러렌과 원기둥 모양의 탄소나노튜브 등 다양한 탄소 동소체가 존재한다. 이 동소체들 중 오랫동안 미지의 물질로, 이론적으로만 존재가 예측됐던 것이 '그래핀'이었다.

그래핀은 탄소 원자가 평면에 육각형 모양으로 연결된 구조로, 간단하게 말하면 흑연의 층상 구조에서 한 층만 가져온 형태의 물질이다. 지평선 너머로 끝없이 이어진 벌집 모양의 평원을 상상해보라. 겨우 원자 한 층이 뭐가 특이할까 생각할 수도 있겠지만, 과학자들은 그 2차원적 형태 때문에 그래핀이 특별한 성질을 가지고 있으리라 추측해왔다. 열전도나 전기전도 등의 물질 특성에 큰 영향을 미치는 조건 중 하나는 전자가 원자들 사이를 어떻게 움직이느냐다. 그런데 한 층짜리 2차원 물질은 전자가 움직일 수 있는 경로가 매우 제한돼 있다. 그래서 2차원 물질에서는 정말 특이한 현상이 일어날지도 모른다. 평소 입자 수준에서나 볼 수 있던 양자역학적 효과들이 물질의 단위에서 나타나는 '양자물질'이 만들어질 수도 있는 것이다. 그래서 물리학자들은 그래핀이 특별할 뿐 아니라, 어쩌면 이 물질로 현대 사회가 큰 도약을 이룰지도 모른다고 기대했다. 만들 수만 있다면 말이다.

그래핀의 특성을 이론적으로 언급한 최초의 논문은 이미 1947년에 나왔다. 1986년에는 처음으로 '그래핀'이라는 용어가 지면에 등장하기 시작했고, 이 신비의 탄소 동소체를 만들려고 시도하는 연구팀이 하나둘 등장했다. 흑연에서 탄소 원자 평면을 한 층만 얇게 벗겨낸 물질, 두께 0.35나노미터(nm, 1나노미터는 10억분의 1미터다)의 그래핀을 위한 경주가 시작된 것이다.

어떻게 얇은 물질을 만들까? 쉬워 보이지만 전혀 아니었다. 초기 연구자들은 흑연의 원자 평면 사이에 다른 분자를 삽입해서 그래핀을 떼어내는 화학적 방법을 시도했지만, 결과물은 축축하게 젖은 흑연 그을음이었다. 다음으로 인기를 얻은 방법은 흑연 표면에 직접 마찰을 일으켜 갈아버리는 방법이었다. 흑연이 한 층만 남을 때까지 계속 갈아버리는 것이다. 다소 무식해 보이지만 이 방법은 꽤나 잘 먹혔다. 1990년 독일 물리학자들은 흑연은 갈고 또 갈아서 뒤가 투명하게 비치는 흑연 필름을 만들었다. 그 결과 20세기 말에는 두께 20나노미터, 약 60층 정도의 흑연 필름을 만들었다고 발표했다. 그러나 60층짜리 흑연은 얇긴 하지만 아직은 '그래핀'이 아니라 '흑연'이었다. 예상외로 그래핀을 만들기가 어렵다는 사실이 드러나면서, 그래핀을 만드는 연구팀이 노벨상을 받으리라는 예측도 점점 커져갔다.

가임 교수팀의 새로운 금요일 밤 실험 프로젝트의 출발점도 갈아내기였다. 가임 연구팀은 흑연을 연마제로 갈아내 얇게 만들기를 시도한 결과 10마이크로미터까지 줄이는 데 성공했지만, 독일팀의 20나노미터에 턱없이 못 미치는 두께였다. 반전은 쓰레기통에서 일어났다.

그래핀 제조 비법은 스카치테이프

가임 연구실 사람들이 흑연을 갈아내며 의미 없는 도전을 하던 어느 날, 콘스탄틴 노보셀로프 Konstantin Novoselov 연구원은 주사 터널링 현미경에서 흑연을 관측하기 위해 시료를 정리하는 사람들을 구경하다 아이디어를 얻었다. 이들은 시료를 깔끔하게 정리하기 위해 흑연 시료 표면을 스카치테이프로 붙였다 떼었다 했다. 버려진 스카치테이프를 지켜보던 노보셀로프는 어쩌면 스카치테이프 표면에 얇은 흑연 조각이 남아 있을

지도 모른다고 생각했다. 실제로 확인하니, 과연 몇 나노미터 수준의 흑연층이 남아 있었다. 이렇게 간단할 수가. 이전까지 전 세계 연구자들이 생고생하면서 만들었던 흑연층보다 더 얇은 흑연층이었다. 전 세계 연구팀이 그토록 염원했던 그래핀을 만드는 비밀이 겨우 스카치테이프였다는 점이 이렇게 밝혀졌다.

이후 1년이 넘는 기간 동안 가임 연구팀은 흑연 표면에 스카치테이프를 10~20번 정도 뗐다 붙였다 하는 방식으로 그래핀을 만들어냈다. 스카치테이프의 표면에 미세한 검은 자국, 아니 그래핀이 남으면 이를 이산화규소 기판 위에 문질러 그래핀을 떼어낸 것이다. 나중에 '기계적 박리법'이라 이름 붙은 방법이었다. 이 방법은 어이없이 간단할 뿐만 아니라 또 한 가지 장점이 있었는데, 그래핀을 저렴하게 만들 수 있다는 점이었다. 이산화규소 기판, 흑연, 스카치테이프만 있으면 되니까 말이다.

안드레 가임 연구팀은 이 연구 결과를 국제학술지 〈네이처〉에 보냈다. 그러나 기대와 달리 논문은 두 번이나 게재를 거부당했다. 한 심사위원은 이 논문에 관해 "충분한 과학적 진전을 이루지 못했다"고 평했다. 자세한 심중은 알 수 없지만, 어쩌면 스카치테이프라는 방법론이 고루한 심사자들에게는 너무 도발적으로 다가갔을지도 모르는 일이다. 이후 연구팀은 그들의 논문을 다른 저명 학술지인 〈사이언스〉에 보냈다. 그렇게 〈사이언스〉에 실린 그들의 논문은 2004년 공개되자마자 그해의 가장 중요한 업적으로 떠올랐다. (〈네이처〉 편집자들은 배 좀 아팠겠지?) 이론상으로만 존재하던 물질을 만들 수 있게 되면서 그 특성을 실험적으로 검증할 길이 열린 것이다. 심지어 그래핀을 만드는 방법은 쉽고 값도 쌌기 때문에 여기저기서 후속 연구가 쏟아지기 시작했다. 그 연구들에 따르면 그래핀은 생각보다도 훨씬 독특한 물질이었다.

우선 그래핀은 두께가 매우 얇다. 탄소 원자 한 층으로 이루어졌으니 당연하다. 얇다 보니 빛이 통과해 투명하고, 유연성도 좋았다. 더 재미있는 부분은 전도성이었다. 실험을 해보니 전기전도성은 구리보다 100배 이상, 열전도성은 다이아몬드보다 두 배 이상 좋다는 결과가 나왔다. 심지어 이 얇은 물질은 강철의 200배 정도 되는 강도를 가지고 있음이 확인되었다. (물론, 실제로 그래핀을 쌓아서 3차원 물체를 만든다면 이보다 훨씬 약할 것이다. 속으면 안 된다!) 새로운 발견은 계속됐다. 심지어 그래핀이 만들어지고 한참 뒤인 2018년에는 그래핀 두 층을 무아레 무늬가 보이도록 1.1도 살짝 비틀리게 쌓으면 초전도 효과가 일어난다는 연구 결과가 발표됐다. 극저온에서만 관찰할 수 있었던 기존의 초전도 현상보다 훨씬 높은 온도에서 초전도 효과가 발생했다는 내용이었다. 이런 독특한 특성은 본질적으로 그래핀이 평평한 2차원 물질이기 때문에 가능한 것이었다.

학계의 예측대로 안드레 가임 교수와 콘스탄틴 노보셀로프 연구원은 2010년 노벨 물리학상을 공동 수상했다. 그래핀 연구의 신기원을 열어 고체물리학 연구를 진전시킨 공로였다. 연구 발표 후 6년 만이었으니 눈에 띌 정도로 빠른 수상이기도 했다. 대부분의 노벨상은 학계에 미친 공로에 주어지는 관계로 수상자가 노년의 연구자인 경우가 많았다. 그만큼 가임 교수팀의 그래핀 제조가 중요한 연구였다는 뜻이다.

동시에, 가임 교수는 최초로 이그노벨상과 노벨상을 동시에 수상한 연구자라는 영예 또한 안았다.

우리에게는 다양한 과학이 필요하다

이그노벨상에서 노벨상으로 이어지는 안드레 가임의 연구 경력을 보고 있자면, 어떻게 한 명이 두 가지 상을 동시에 탈 수 있었는지 궁금해진다. 대부분 사람에게 이그노벨상은 노벨상의 패러디이며, 과학 대가들이 갖추어야 할 진지함 또는 절박함과는 거리가 멀어 보이기 때문이다. 노벨상은 진지하고 대단한 연구에 주어지는 것이 아닌가? 어떻게 이그노벨상 수상자가 노벨상을 탈 수 있단 말인가? 이 질문을 이렇게도 바꿔볼 수 있겠다. 그렇다면 "어떤 연구가 중요한 연구일까" 하고 말이다.

    어떤 연구가 중요한 연구일까? 어떤 연구가 사회에 기여할 수 있을까? 당신이 만약 과학정책가라면, 이 질문들을 "어떤 연구에 '돈을 지원할 만한 가치'가 있을까?"로 바꾸어도 전혀 이상하지 않을 테다. 쥐꼬리만 한 연구비를 수많은 연구 프로젝트 중 어디에 지원해야 할까. 당신이 '문명' 시리즈 같은 전략 시뮬레이션 게임을 해본 사람이라면 이 상황을 더 잘 이해할 수 있다. 국경 밖에서 적이 몰려오고, 국고는 텅텅 비어가고 있고, 국민은 질병과 굶주림에 아우성친다. 이때 당신은 어떤 차세대 연구 프로젝트를 진행할 것인가. 표준 모형 너머의 입자를 찾기 위한 거대 입자가속기 건설? 시장 경쟁력을 확보하기 위한 차세대 반도체 소자 연구? 탄도미사일 기술과 무관하지 않은 인공위성 발사체 개발? 아니면 웜뱃이 왜 주사위 모양 똥을 싸는지 알아보기 위한 연구? 아무래도 가볍고 엉뚱해 보이는 연구보다는 현실 사회의 문제를 해결할 가능성이 엿보이는 사뭇 진지한 연구를 지원하는 데에 마음이 쏠릴 것이다. 문제는 길게 봤을 때 이런 연구에 투입되는 자원이 온전히 그에 상응하는 연구 결과로 돌아오지 않는다는 데 있다.

    우리는 이미 이것과 비슷한 상황을 여러 기술의 흥망성쇠와 스마트 변기의 사례를 통해 접했다. 어떤 기술이 성공적일지, 그래서 어떤 기술이 미래를 좌우할지 예측하기란 무척 어렵다. 과학적 발견도 마찬가지다. 우선 과학적 발견은 따로 매뉴얼이 정해져 있어서 그 방법을 따라 하기만 되는 종류의 것이 아니다. 안타깝게도 그런 논리는 존재하지 않는다. 토머스 홉스가 한때 꿈꿨던 과학의 모습처럼 지식들이 서로 수학적 논증 구조로 이뤄져 있어 하나의 수수께끼가 풀리면 다음 하나도 저절로 해결되는 방식이면 좋겠지만, 현대의 과학은 그렇게 작동하지 않는다. '과학적 발견의 우연성'이라 해야 할까, 일찍이 과학철학자 칼 포퍼는 이를 꿈에 나온 서로의 꼬리를 문 뱀들을 통해 벤젠의 고리 구조를 밝혀낸 독일의 화학자 아우구스투스 케쿨레를 예로 들어 주장했다. 아무리 머리를 써도 풀리지 않던 문제가 잠깐 졸다가 꾼 개꿈을 통해 해결되기도 하고, 수십 수백억의 예산을 투입한 거대 프로젝트가 아무런 성과를 내지 못할 수도 있다는 거다.

과학 지식 생산 매뉴얼이 따로 정해져 있지 않다니! 과학자, 과학 애호가, 그리고 과학정책가에게는 청천벽력 같은 이야기다. 그럼 우리는 앞으로 어떤 과학 활동을 지원하면 좋단 말인가? 또 다른 과학철학자인 장하석 케임브리지대학교 교수는 저서 《물은 H_2O인가?》에서 허무맹랑하게 받아들여질 수 있는 대안적 과학 연구도 지원하는 것이 장기적으로 옳을 수 있다고 주장했다. 그의 '대안적' 과학 연구란 기존과는 전혀 다른 패러다임에서 작동하는 과학을 이야기한다. 거칠게 예를 들자면, 지동설과 천동설이 공존하는 과학 세계가 과학 지식의 측면에서는 더 생산적일 수 있다는 이야기다. 말이 안 되는 것처럼 들리지만 화학사 전문가인 장하석은 근대 화학이 성립되던 19세기 유럽 학계에서 설득력 있는 예시를 가지고 온다. 당시 화학계에는 동일한 현상에 관해 서로 상반된 설명을 하거나, 아예 연구 분야가 겹치지 않는 여러 종류의 화학이 존재했다. 유기화학과 무기화학, 물리화학, 전기화학 같은 분야들은 크게 한 틀에서 묶이지 않았음에도 서로에게 영향을 줬고, 나중에는 화학이라는 큰 학문의 세부 분야로 통합됐다. 그런데 아직 패러다임이 통합되기 전이던 19세기에, 화학을 연구하는 이런 다양한 방법이 지식 생산에 효과적이었다는 것이다. 한 가지로 통합된 과학적 일원주의보다는 다양한 시각과 접근법이 장려되는 과학적 다원주의Scientific pluralism가 과학 지식 생산에 더 효과적일 수 있다는 것이 장하석의 생각이다.

국가 과학 예산의 1퍼센트를
약간 이상한 사람들에게 준다면

이에 따른 논리적 귀결로, 장하석은 지금 당장은 뜬금없어 보일 수 있는 여러 대안적 과학을 연구하도록 지원해야 과학의 다양성을 증가시켜 더 풍성한 연구 결과로 돌아올 수 있다고 주장했다. 예를 들어 지구 전체가 하나의 생물이라는 '가이아 이론'을 만든 제임스 러브록은 "국가 과학 예산의 1퍼센트만 약간 이상한 사람들에게 주라"고 이야기했다. 비전형적인, 그래서 연구 예산이 거의 투입되지 않는 과학 분야에서 획기적 돌파구가 발견될지도 모른다는 의미다. 장하석이 인용하는 또 다른 문구는 앞에서도 나왔던 저명한 과학철학자 칼 포퍼의 탄식이다. "너무 많은 돈이 너무 적은 아이디어들을 추구하고 있는 것인지도 모르겠다."

엉뚱한 연구가 필요하다는 데는 동의하지만, 혹시 장하석의 주장은 너무 나아갔다고 생각하는가? 다원주의적 과학을 외치기 전에, 소재가 이상해서, 발상이 엉뚱해서 관심을 못 받는 분야도 같이 살피는 건 어떻겠냐고? '금요일 밤 실험' 시리즈가 그 중간의 적절한 대안이 될지도 모르겠다. 조금 더 열린 마음으로 엉뚱하게 보이는 연구 프로젝트도 지원하는 것이다. 가임 교수가 금요일 밤 실험으로 추진한 프로젝트들은 과학적 발상은 물론 경제적으로도 '엉뚱해도 괜찮은' 것들이었다.

가임 교수가 연구실 책임자로서 프로젝트를 진행하는 것은 국가의 과학정책가가 예산을 배분하는 것의 축소판에 가깝다. 연구실 운영자의 입장에서 가임 교수는 호기심과 창조성을 최대한으로 살리는 동시에, 실패해도 연구팀의 예산과 장래에 큰 타격이 가지 않도록 금요일 밤 실험의 프로젝트를 세심하게 조정했다. 그 결과 금요일 밤 실험의 겨우 10퍼센트가 성공을 거두었지만, 그중 하나가 그래핀이라는 새로운 분야를 열어젖히는 계기가 되었고 결국 노벨 물리학상을 안겼다. 기존의 시각과는 다르게 바라보고 접근했기 때문에—그리고 기존의 시각과는 다르게 접근할 수 있도록 가임 교수가 자원을 분배했기 때문에—예상외의 성공을 거둘 수 있었던 것이다.

사실 이미 세계 여러 연구 단체들이 '엉뚱하지만 나중에 대박이 날지도 모르는 연구'를 지원하는 프로그램을 운영하고 있다. 가장 유명하고 재미있는 예로 NASA에서 진행하는 'NIAC(NASA Innovative Advanced Concepts)'를 소개하고 싶다. 이는 1998년부터 시작된 연구 프로그램으로, 현실이 되면 엄청난 파급효과를 일으킬 수 있지만 당장은 실현 가능성이 없는 연구 아이디어를 선정해 지원했다. 이 목록에는 '우주 엘리베이터'나 '반물질 성간 우주선' 같은 고전 SF적 발상은 물론, '달 뒷면의 분화구를 활용한 전파망원경', '소행성을 통통 뛰어다니며 중력을 측정하는 로봇', '우주 건물에 사용하기 위한 균류 재배(버섯을 키워서 그 균사체로 달과 화성에 건물을 짓는다는 얘기다)' 같은 듣도 보도 못한 발상을 시험하는 연구가 가득 차 있다. 이 목록으로만 책 한 권을 뚝딱 써낼 수 있겠다 싶을 정도다. NASA가 이런 연구를 지원하는 이유는 간단하다. 하나라도 성공을 거둔다면 나중에 큰 이득으로 돌아오리란 사실을 알기 때문이다.

과학은 항상 진지해야 할까?

안드레 가임 교수팀이 스카치테이프로 그래핀을 만든 지 20여 년이 지난 지금, 맨체스터대학교에는 '국립그래핀연구소'라는 건물이 들어섰다. 이곳에서는 그래핀을 실용적으로 적용하기 위한 연구가 이뤄지고 있다. 이 건물의 외장은 그래핀을 떠올리게 하는 육각형 모양으로 타공한 검은 패널로 덮여 있다. 그래핀 연구 20주년을 맞아 2024년 〈사이언스〉가 기획한 기사에서, 안드레 가임 교수는 "기본적으로 그래핀 연구는 2007년에 끝났다"라고 지난날을 회상했다. 그 이후로는 그래핀을 응용하려는 연구가 쏟아졌다. 그래핀이 가지고 있는 성질이 디스플레이는 물론 반도체, 연료전지 등 다양한 분야에서 실용적으로 쓰일 수 있기 때문이다. 두루마리로 말 수 있는 모니터부터 컴퓨터칩까지, 그래핀이 '꿈의 신소재'가 되어 새 시대를 열 수 있다는 기대가 커졌다.

그러나 실제 소재로 쓸 수 있는 그래핀을 대량생산하기는 쉽지 않았다. 그래핀은 조금만 찢어져도 그 기능을 제대로 하지 못하기 때문이다. 2010년대가 지나 열기는 점차 가라앉았고, 새로운 생산 기술이 개발되는 지금에서야 그래핀은 선박 코팅이나 브레인칩에 사용되며 조금씩 빛을 보는 중이다. 금요일 밤 실험의 유산이 우리의 삶을 바꾸는 것은 지금부터일 수도 있다.

금요일 밤 실험 시리즈는 공중부양 개구리 사진과 게코 테이프, 고체물리학을 영원히 바꿔버린 그래핀 말고도 또 다른 유산을 남겼다. 바로 금요일 밤 실험 시리즈 자신이다. 맨체스터대학교는 지금도 금요일 오후에 세미나를 개최하고 있다. 이 세미나는 세상을 바꾼 과학자의 정신적 유산을 전통으로 이어가기 위한 노력이다. 실험 장비 한가운데에 냅다 물을 붓고, 스카치테이프로 그래핀을 분리해낸 엉뚱한 유머 감각, 그리고 그 유머 감각을 자원적 한계 내에서 실현시킨 현실 인식을 잇고자 한다는 뜻이다.

유머 감각, 이 단어야말로 안드레 가임의 연구 경력을 관통하는 표현일지도 모른다. 그의 유머 감각은 노벨상과, 노벨상의 대척점에 있는 이그노벨상 모두에서 성과를 냈다. 엉뚱한 연구로 언론의 스포트라이트를 받았던 그는 10년 후 과학의 가장 숭고한 영예인 노벨상을 수상하며 엉뚱한 상상력이 여전히 과학에서 가장 강력한 힘임을 보여줬다. 가임은 과학 정책에서 무시당하기 일쑤인 과학의 변두리, 엉뚱한 곳에서 가장 강력한 발상의 전환이 나타날 수 있음을 증명했다. 그 또한 이를 알고 있었다. 2010년 안드레 가임 교수는 노벨상 연설에서 이그노벨상 수상에 관해 "우리의 유머 감각과 자기 비하적 태도에 자부심을 느낀다"고 말한 바 있다.

어쩌면 과학에 필요한 건, 진지함과 절박함보다는 창조적 태도를 받아들이도록 만드는 엉뚱함과 유머 감각일지도 모른다.

에필로그
이상한 호기심의 찬가

잿빛 머리에 또박또박한 말투. 한없이 진지한 표정을 짓다가도 이야기를 할 때면 반짝이는 눈동자에 장난기가 서린다. 뒤로 보이는 벽에는 '이그노벨'이라 적힌 현수막이 걸려 있다. 책을 쓰면서 마지막으로 만난 이 사람은 이그노벨상의 창시자, 마크 에이브러햄스다. 유머 감각이 과학에 미치는 영향에 관해서 이야기를 나누려면 이만한 적임자도 없을 것이다. 그는 자신이 1991년에 만든 상이 이렇게 오래, 큰 행사로 지속될 거라고 생각했을까.

"금방 잊힐 거라고 생각했죠. 운이 좋았어요. 첫해 시상식부터 많은 언론 매체에서 관심을 가져줬어요. 입소문을 탄 덕에 다음 해 시상식도 성공적으로 치를 수 있었죠."

에이브러햄스가 이그노벨상을 만든 과정은 이미 여러 인터뷰와 책을 통해 널리 알려졌다. 하버드대학교 응용수학과를 졸업하고 컴퓨터 소프트웨어 회사에서 일하면서 과학 농담을 쓰는 걸 즐겼던 그는 자기의 농담을 실어줄 과학 유머 잡지를 찾았다. 그러다 정신을 차려보니 본인이 〈있을 것 같지 않은 연구 회보Annals of Improbable Research, AIR〉라는 유머 잡지의 창간자이자 편집자가 되어 있었다. 이그노벨상은 이 잡지에서 시작됐다. AIR의 편집자들은 '다시는 할 수도 없고 해서도 안 되는 업적'을 이룬 사람들에게 상을 주기로 했다.

물론 위기가 없었던 것은 아니다. 1995년 에이브러햄스는 영국 옥스퍼드대학교 동물학 교수이자 당시 영국 정부의 최고 과학 고문을 맡고 있던 로버트 메이Robert May 경으로부터 한 통의 편지를 받았다. "그해 이그노벨상 수상자 중에는 우유에 시리얼을 말았을 때 어떻게 눅눅해지는지를 논문으로 쓴 영국인 과학자들이 있었어요. 그런데 메이 경은 이그노벨상 수상 기사를 읽고, 이그노벨상이 과학자들을 웃음거리로 만들었다고 생각했죠. 솔직히 처음엔 그 편지가 농담인지 진담인지 분간이 되지 않았어요."

에이브러햄스는 가벼운 어조로 답장했지만, 더욱 심각한 내용의 답장이 돌아왔다. 곧이어 국제학술지 〈네이처〉와 영국 언론에 메이 경의 비판을 다루며 일이 커졌다. 메이 경은 〈네이처〉와의 인터뷰에서 "이그노벨상 수상 연구는 실제로 진지한 연구자들이 성실하게 진행했다"며, "이그노벨상이 진지한 과학 프로젝트를 비웃게 만드는 결과를 낳을 수 있다"고 우려했다.

　메이 경이 이그노벨상의 출현을 걱정한 이유는 이미 미국에서 '황금양털상'이라는 좋지 않은 선례가 있었기 때문이다. 황금양털상은 위스콘신 출신의 민주당 상원의원이었던 윌리엄 프록스마이어가 1975년 제정한 상으로, 미국 정부의 예산을 낭비한 사업에 상을 수여함으로써 세금 낭비 현장을 효과적으로 꼬집으려는 의도를 가지고 있었다. 최악의 미국 영화에 주어지는 '골든라즈베리상'처럼, 황금양털상도 분명한 조롱의 의도를 가진 상이었다. 문제는 프록스마이어가 과학에는 문외한이었고, 결과적으로 미국 정부의 지원으로 연구를 진행하던 과학자들이 이 상을 받아버리는 경우가 비일비재했다는 것이다. 황금양털상의 첫 번째 수상자는 사랑에 관한 연구를 진행한 미국 국립과학재단NSF이었다. 이 외에도 외계 생명체 탐색 프로그램SETI을 진행한 NASA, 표정과 감정 연구를 진행한 심리학자 폴 에크먼Paul Ekman이 황금양털상을 받았다.

　프록스마이어는 폴 에크먼이 다가올 얼굴 인식 기술의 시대에 지대한 영향을 미칠 연구를 하는 중이라 생각이나 했을까? SETI가 과학의 가장 상징적 프로젝트 중 하나로 우주의 이해에 도움이 되는 여러 발견을 추동할 것을 알고 있었을까? 하여튼 황금양털상이 수많은 정부 지원 연구에 주어진 결과 과학자의 평판은 극도로 나빠졌다. 납세자들로 하여금 과학자들이 세금으로 엉뚱한 짓을 하고 있다고 여기게 만든 것이다. 결국 황금양털상은 과학 연구 지원이 축소되는 결과를 낳았다. 플리스마이어는 심지어 로널드 허친슨이란 과학자에게 소송당해 돈을 물어주면서도 꿋꿋이 황금양털상을 이어나갔다.

조롱과 찬양의 기로에서, 이그노벨상은 초기에 방향을 잘 잡은 사례다. 1회 때는 가상의 인물에게도 상을 줬지만, 약간의 시행착오를 거치며 이그노벨은 우리가 지금 아는 '먼저 웃게 하고, 그다음에 생각하게 만드는' 꼴을 갖췄다. "이그노벨상은 과학자들이 직접 정하고 수여합니다. 수상자들에게도 먼저 연락해 상을 받을지 물어보죠." 에이브러햄스가 설명했다. 현재의 이그노벨상은 과학의 즐거움을 나누는 축제의 장이라는 뜻이다. 메이 경은 아마도 이그노벨상이 과학을 풍성하게 만들 건강한 웃음을 가져다줄 수 있을 거라곤 생각하지 못했을지도 모른다. 이그노벨상은 그 후로도 꾸준히 열렸고, 영국 과학자들도 꾸준히 이그노벨상을 받았다. 에이브러햄스가 덧붙였다.

"이듬해에도 영국 과학자가 이그노벨상을 받았어요. 전화 통화 중에 수상자가 갑자기 본인이 로버트 메이의 친구이고 오늘 저녁 식사를 함께하기로 했다면서 저한테 묻더군요. '로버트 메이는 제 수상을 알고 있나요?'라고 말이죠."

파티는 계속된다.

이상한 호기심이 우리를 미래로 이끄리라

 이그노벨상 수상자들은 어떤 사람들이었을까. 다들 정신 나간 괴짜일까? "아닙니다. 재미있는 사람이 없지는 않지만, 대부분은 웃기다기보단 평범한 사람이었어요. 제가 봤을 때 이그노벨상 수상자들의 공통점은, 사소한 문제에 좀 더 관심을 기울였단 거죠. 남들이 보기엔 정말 이상해 보이는 문제에요." 내가 몇몇 이그노벨상 수상자들과 인터뷰하면서 느낀 것과 동일한 감상이었다. 물론 웜뱃 똥을 연구한 퍼트리샤 양처럼 논문에 오줌발 사진을 싣는 식으로 유머 감각을 유감없이 풀어낸 연구자도 있었지만, 대부분 연구의 시작은 순수한 호기심에서 비롯됐다. 웃기려고 시작된 연구는 없었다.

 호기심. 이렇게 해서 결국 우리는 과학이라는 세계 탐구 방식의 시작점으로 돌아오게 된다. 자연의 작동 원리에 관한 호기심을 오랫동안 유지하며 탐구하는 사람들. 그들이 바로 과학자다. 호기심을 꾸준히 유지하며 문제를 탐구하고 풀어낸다는 측면에서, 이그노벨상 수상자들과 노벨상 수상자들 사이에는 큰 차이가 없다. 그러니 내가 이 책에서 다룬 연구자들은 (호기심을 품은 대상이 사회적으로 약간 이상하게 보일 수 있다는 점을 빼고는) 진정한 의미의 과학자들이라 칭할 수 있겠다. 그렇다면 그런 사람들에게 찬사를 바치는 이그노벨상을 '이상한 호기심의 찬가'로 불러도 되지 않을까.

"모든 과학 연구는 사실 다 이런 호기심에서 시작됩니다. 요즘은 사람들이 무엇이 좋은 과학인지 너무 빨리 정하는 것 같아요." 모든 것이 경제적 논리 아래서 숫자로 치환되는 지금의 세계에서 이상한 호기심은 아마도 가장 변호하기 힘든 가치일지도 모른다. 그러나 우리는 앞서 많은 예를 통해 엉뚱한 호기심이 예상치 못한 통찰을 가져다주고, 심지어는 노벨상 수상까지 이어지는 장면을 목격했다.

한 연구가 앞으로 어떤 파급효과를 가져다줄지, 어떻게 인류의 삶을 바꿀지는 그 누구도 쉽게 예측할 수 없다. 과학의 역사에는 이미 그런 예가 많다. (고양이를 던지는 실험을 하는 모습으로 4장에 등장한 바 있는) 물리학자 제임스 클러크 맥스웰은 네 개의 방정식으로 전자기학의 기반을 닦았다. 네 방정식은 현실과는 동떨어진 형태의 아름다움과 추상성을 간직한 듯 보였지만, 그의 방정식을 기반으로 굴리엘모 마르코니Guglielmo Marconi가 무선통신의 시대를 열 수 있었다. 또 다른 물리학자 마이클 패러데이Michael Faraday는 어떤가? 그가 정립한 '전자기유도 법칙'은 발전기의 기본 원리를 제공하며 진정한 전기 문명의 시대를 가능하게 만들었다. 이런 사례가 프린스턴고등연구소의 초대 소장이었던 에이브러햄 플렉스너Abraham Flexner가 언급했던 '쓸모없는 지식의 쓸모'의 예라 볼 수 있다. 플렉스너의 뒤를 이어 한참 후에 프린스턴고등연구소의 소장을 맡은 수리물리학자 로버트 데이크흐라프Robbert Dijkgraaf는 쓸모없는 지식의 쓸모를 이렇게 풀어 설명했다. "현재와 미래 세계의 진보는, 기술적인 전문 지식뿐만 아니라 당장의 실용적인 고려와는 반대로 거칠 것 없는 호기심과 그것이 주는 이득, 즐거움에 달려 있다."• 우리가 지금까지 봐온 이그노벨 연구 중에도 그런 변화의 씨앗이 있을 수 있다. 전혀 없다고, 아무도 섣불리 말할 수 없다.

우리에게 더 많은 (이그)노벨상을 받는 날이 찾아올까

나는 2023년 스마트 변기로 이그노벨상을 수상한 박승민 연구원을 언급하며 에이브러햄스와의 인터뷰를 마무리했다. 정말 인상적인 연구라며, 어떻게 하면 한국이 더 많은 이그노벨상을 받을 수 있을지 물었더니 그는 웃으면서 "단위 인구당 이그노벨상을 가장 많이 받은 두 나라는 영국과 일본"이라 소

• 에이브러햄 플렉스너, 로버트 데이크흐라프, 《쓸모없는 지식의 쓸모》, 김아림 옮김, 책세상, 2020, 16쪽

개했다. "영국은 첫해부터 지금까지 빠지지 않고 수상 추천이 들어오고 있어요. 개인적으로는 엉뚱한 생각을 밀고 나가도 용인해주는 분위기가 두 나라에 있어서 그렇지 않을까 생각해 봅니다."

에이브러햄스와의 인터뷰를 마치고 자연스레 박 연구원의 마지막 인터뷰가 떠올랐다. 그를 변기에 앉힌 채 인터뷰를 진행한 날은 마침 mRNA 백신 연구로 코로나19 예방에 획기적인 돌파구를 마련한 커털린 커리코Katalin Karikó와 드루 와이스먼Drew Weissman 교수의 2023년 노벨 생리학상 수상 다음 날이었다. 이를 두고 한국의 언론사들은 '왜 한국은 이번에도 노벨상을 받지 못했느냐'를 두고 언제나처럼 성토대회를 이어가는 중이었다. 이제는 쓰는 사람도 읽는 사람도 뻔해서 지치는 노벨상 타령 말이다. 1년 넘게 진행한 이그노벨 취재를 마무리하면서, 나는 어쩌면 그 질문의 초점이 잘못됐을 수도 있겠다는 생각이 들었다. 노벨상은 장기간 이어진 과학 연구 지원의 결과로 자연스레 따라오는 것이고, 그러기 위해서는 좀 더 열린 마음으로 과학 연구를 포용하는 자세를 갖춰야 하지 않을까. 그토록 사람들이 원하는 노벨상은 더 많은 이그노벨상을 받은 후에야 주어지는 것이 아닐까. 박 연구원 또한 네 시간에 걸친 취재를 이그노벨상과 노벨상에 관한 이야기로 매듭지었다.

"일본에 노벨상 수상자가 많은데 우리나라는 왜 없냐는

이야기가 많이 나오죠. 하지만 일본은 사실 이그노벨상에서도 앞서 있습니다. 올해(2023년)까지 17년 연속으로 이그노벨상 수상자를 배출했어요. 저는 그렇게 다양하고 엉뚱한 연구를 용인하는 분위기가 노벨상 수상과도 관련이 있다고 생각해요. 한국에서도 평범한 경계 바깥의 연구를 장려하는 분위기가 생겼으면 좋겠습니다."

감사의 말

책은 혼자 만들어지지 않는다. 세 번째 단행본인 이번 책을 만들면서도 그 점을 다시 한번 느꼈다. 고마운 사람들이 정말 많다는 뜻이다.

먼저 기사가 만들어지는 과정을 직간접적으로 도와준 회사 동료들에게 고마움을 표하고 싶다. 이 책은 2023년 〈과학동아〉에 연재된 기사를 환골탈태시켜 만든 것이다. 과학동아 팀으로 온 지 얼마 되지 않았던 2022년 말, 당시 편집장이던 변지민 선배와 지금의 편집장인 이영혜 선배가 회사 앞 카페로 불러내 "이그노벨 연재를 한 번 써보지 않겠어요?" 하고 권유(강권)했다. 실은 꽤 오래전부터 이그노벨에 관한 글을 쓰고 싶었던 참이라 그 제안을 덥석 받아들였다. 재미있는 기획을 제안해준 변지민 선배, 그리고 연재물이 책으로 만들어질 수 있도록 힘써준 이영혜 선배께 감사드린다.

이그노벨 기획을 기사로 만들어가는 1년 동안 많은 도움을 준 같은 팀 선후배들에게도 감사 인사를 전한다. 김미래, 김소연, 김진화, 박동현, 김태희, 이수린 기자가 기사에 조언을 보태고 뒤를 든든히 받쳐 주었기에 책이 나올 수 있었다. 후배 기자들은 마감으로 바쁜 와중에도, 시도 때도 없이 "미래씨, 이 미친 연구 봤어요?"로 시작되는 내 말을 기꺼이 경청해주었다. 라헌, 배성윤 에디터는 내가 쓴 글뿐 아니라 그것이 책이 될 수 있도록 여러 조언을 아끼지 않았다. 이한철, 박주현, 이형룡 디자이너는 단지 텍스트에 불과한 글이 기사의 꼴을 갖춰 지면에 실릴 수 있게 도와줬다. 특히 이그노벨 연재 담당이었던 박주현 선배는, 내가 기사에 꼭 실어야 한다며 가져온 똥, 오줌, 기타 이상한 사진들을 1년 내내 마주해야 했다. 고마움과 함께 그의 우아함에 흠집을 내서 미안하다는 말도 전하고 싶다.

동아사이언스의 김정 센터장, 최수정 실장, 주세훈 부대표 등 많은 분이 기사가 책으로 출간될 수 있도록 힘써주셨다. 그 누구보다도 동아사이언스의 장경애 대표가 결단하지 않았다면 이 연재가 책으로 나오긴 힘들었을 것이다. 진심으로 감사드리며, 앞으로도 이런 다각도의 시도가 꾸준히 이어졌으면 하는 바람이다.

재미는 보장하지만 책이 되기엔 조금 허술했던 기사 모음을 한 권의 탄탄한 책으로 엮어내는 데는 어크로스 출판사의 응원이 컸다. 특히 함께 책을 만들어보자고 먼저 손 내밀어준 임재희 편집자께 감사드린다. 그가 2023년 서울국제도서전에서 말을 걸어오지 않았더라면 지금 이 책이 나올 수 있었을지 의심스럽다. 작업 도중에는 산만하기 그지없는 글의 잔가지를 쳐내고 핵심을 드러내는 편집 덕에 글은 더욱 세련되게 변할 수 있었다.

책이 완성되는 과정에서 날것의 원고를 읽어준 친구들도 많다. 그들이 보내준 피드백을 반영하다 보면, 아직도 문예공화국이라는 이상이 실제로 작동한다는 사실에 감동하게 된다. 먼저 초고 전체를 읽고 귀중한 조언을 준 박현선, 고양이에 관한 실천적 지식을 공유해 기사 집필을 도운 김소연 기자께 감사드린다. 글을 다듬는 과정에서도 다양한 조언을 해준 서예윤, 박인혁, 김민아에게도 감사를 전한다. 그들의 귀중한 피드백도 소중했지만, 무엇보다도 그들이 보내준 응원과 기대가 지치지 않고 후반 작업을 할 수 있는 힘이 되어주었다.

2년 반에 걸친 기간 동안, 심지어는 절체절명의 정치적 격변 속에서 거리로 나서면서도 집필을 마무리할 수 있었던 것은 내 마음에 고요와 안식을 가져다준 가족의 존재가 있었기 때문이다. 부모님과 동생 희욱이네에게 고맙다(솔아 사랑해!). 네 살 때부터 내 글의 열렬한 첫 독자였던 어머니는 이번에도 원고를 빠짐없이 읽어주셨다. 그가 재밌게 읽을 수 있는 책이라면 충분히 만족할 수 있다. 오랫동안 함께해온 박진영은 이번에도 연재 기사와 초고를 넘나들며 글이 완성될 때까지 눈을 보태주었다. 앞으로도 오래오래 서로의 독자가 되어줄 수 있기를 바란다.

무엇보다도 이 책에 들어간 자신의 연구에 관해 수많은 진솔한 이야기를 들려준 과학자들과 이그노벨상을 만든 마크 에이브러햄스에게 감사를 전한다. 퍼트리샤 양, 빅터 베노 마이어-로쇼프, 찰스 스펜스, 알레산드로 플루키노, 박승민, 미야시타 호메이, 그리고 책에는 실리지 않았지만 얀 잘라시에비치(그는 돌을 맛보는 습성에 관해 분석해 이그노벨상을 받았다)와 댄 프레스턴, 테 파예 얍(둘의 연구팀은 죽은 거미로 움직이는 로봇을 만들어 이그노벨상을 받았다)에게 무한한 감사를 표한다. 이 책에 실린 내용 중 과학적으로 어긋난 부분이 있다면 모두 글쓴이가 제대로 전달하지 못해 생긴 잘못이다. 이 연구자들의 이야기로 과학과 세상에 대한 이해가 훨씬 넓고 풍요로워질 수 있었다. 앞으로도 당신들의 이상한 호기심이 영원히 이어지길!

참고문헌

1 웜뱃은 왜 주사위 모양의 똥을 쌀까?

Cassella, C. (2018.11.19.). There's a New Study on Why Wombats Poop Cubes, And It Might Have Some Answers. *Science Alert*.

Cassella, C. (2021.01.28.). Wombats Are The Only Animals That Poop Cubes, And We Now Know How. *Science Alert*.

Hu, D. L. (2018). *How to Walk on Water and Climb up Walls*. Princeton University Press. (《물 위를 걷고 벽을 기어오르는 법》. 조미현 옮김. 에코리브르. 2019.)

Hu, D. L. (2019.10.23.). "Wasteful Research?" Nah. from https://www.thexylom.com/post/wasteful-research-nah-1.

Meyer-Rochow, V. B. (2005). "Penguin Poo." from http://www.meyer-rochow.com/penguinpoo.htm.

Meyer-Rochow, V. B. (2022.12.11.). 빅터 베노 마이어-로쇼프 인터뷰. 인터뷰어: 이창욱.

Meyer-Rochow, V. B. and Gál J. (2003). "Pressures produced when penguins pooh—calculations on avian defaecation." *Polar Biology* 27(1): 56-58.

Tajima, H. and F. Fujisawa (2020). "Projectile trajectory of Penguin's faeces and rectal pressure revisited." *arXiv preprint arXiv:2007.00926*.

Yang, P. (2022.12.09.). 패트리샤 양 인터뷰. 인터뷰어: 이창욱.

Yang, P. "Patricia Yang Homepage." Retrieved 2025. 05. 29., from https://www.patriciayang.net/.

Yang, P. J., et al. (2014). "Duration of urination does not change with body size." *Proceedings of the National Academy of Sciences* 111(33): 11932-11937.

Yang, P. J., et al. (2017). "Hydrodynamics of defecation." *Soft Matter* 13(29): 4960-4970.

Yang, P. J., et al. (2021). "Intestines of non-uniform stiffness mold the corners of wombat feces." *Soft Matter* 17(3): 475-488.

우아영. (2017.06). "코끼리가 초속 6cm로 똥 누는 비결은?". 〈과학동아〉.

2 어떻게 하면 가장 맛있는 감자칩을 먹을 수 있을까?

"'Dunk,' 'Sexist' and Other Words That Originated in Pennsylvania." (2019.10.17.). https://www.pennlive.com/life/2019/10/dunk-sexist-and-other-words-that-originated-in-pennsylvania.html.

"Food Related Ig Nobel Prizes." (2009.03.12.). http://www.papawow.com/blog/food-related-ig-nobel-prizes.html.

Amrahams, Marc. (2005.01.13.). "The Perfect Cuppa." *The Guardian*, https://www.theguardian.com/education/2005/feb/08/research.highereducation1.

Broussard, Chris. (2004.02.15.). "Pro Basketball; a Game Played above the Rim, above All Else." *The New York times*. https://archive.nytimes.com/query.nytimes.com/gst/fullpage-9407E0D61F3AF936A25751C0A9629C8B63.html.

Fisher, Len. (2003). *How to Dunk a Doughnut*. Phoenix Paperbacks. (《과학 토크쇼》. 강윤재 옮김. 시공사. 2008.)

Fisher, Len. (1999) "Physics Takes the Biscuit." *Nature* 397, no. 6719:469-469.

Grant, Reg G. (2010). *Battle at Sea: 3000 Years of Naval Warfare*, Dorling Kindersley Ltd.

Owens, Crystal E, Max R Fan, A John Hart, and Gareth H McKinley. (2022). "On Oreology, the Fracture and Flow of "Milk's Favorite Cookie®"." *Physics of Fluids* 34, no. 4: 043107.

Spence, Charles. (2018). "Mirror, Mirror on the Wall: Can Visual Illusions Be Used to 'Trick'people into Eating Less?". *International Journal of Gastronomy and Food Science* 11: 31-34.

Spence, Charles. (2023.01.06.). 찰스 스펜스 인터뷰. 인터뷰어: 이창욱.

Spence, Charles. (2017). *Gastrophysics*. Viking. (《왜 맛있을까》. 윤신영 옮김. 어크로스. 2018.)

Spence, Charles. (2022). *Sensehacking*. Penguin UK. (《일상 감각 연구소》. 우아영 옮김. 어크로스. 2022.)

Wansink, Brian, James E Painter, and Jill North. (2005). "Bottomless Bowls: Why Visual Cues of Portion Size May Influence Intake." *Obesity research* 13, no. 1: 93-100.

Weiss, Giselle. (2001). "Why Is a Soggy Potato Chip Unappetizing?", *American Association for the Advancement of Science*

Zampini, Massimiliano, and Charles Spence. (2004). "The Role of Auditory Cues in Modulating the Perceived Crispness and Staleness of Potato Chips." *Journal of sensory studies* 19, no. 5: 347-363.

이창욱. 《한입에 쏙싹 편의점 과학》. 휴머니스트. 2022.

3   벌에 어느 부위를 쏘이면 가장 아플까?

Adams, Cecil. (2012.05.11.). "Did the Creator of the Schmidt Sting Pain Index Volunteer to Get Stung by Everything on Earth?" *The Straight Dope* https://www.straightdope.com/21344144/did-the-creator-of-the-schmidt-sting-pain-index-volunteer-to-get-stung-by-everything-on-earth.

Binford, Greta J., Samuel D. Robinson, and Stephen A. Klotz. (2023.10.01.). "Justin O Schmidt - His Extraordinary Impact on Toxinology and Arthropod Biodiversity Science." *Toxicon* 234: 107287. https://doi.org/https://doi.org/10.1016/j.toxicon.2023.107287. https://www.sciencedirect.com/science/article/pii/S0041010123002738.

Cane, James H, Theresa L Singer, and Stephen F Pernal. (2023). "Stung by Insatiable Curiosity." *American Entomologist* 69, no. 2: 54-55.

Djordjevic, Charles. (2023). "When, How, and Why Did "Pain" Become Subjective?" *Philosophy of medicine* Vol. 4 No. 1

Hanson, Thor. (2018). *Buzz*. Basic Books. (《벌의 사생활》. 하윤숙 옮김. 에이도스. 2021.)

Niermann, Crystal N., Travis G. Tate, Amber L. Suto, Rolando Barajas, Hope A. White, Olivia D. Guswiler, Stephen M. Secor, Ashlee H. Rowe, and Matthew P. Rowe. (2020). "Defensive Venoms: Is Pain Sufficient for Predator Deterrence?" *Toxins* 12, no. 4: 260.

Peters, Ralph S., Lars Krogmann, Christoph Mayer, Alexander Donath, Simon Gunkel, Karen Meusemann, Alexey Kozlov, et al. (2017.04.03.). "Evolutionary History of the Hymenoptera." *Current Biology* 27, no. 7: 1013-1018.

Schmidt, Justin O, Murray S Blum, and William L Overal. (1983). "Hemolytic Activities of Stinging Insect Venoms." *Archives of Insect Biochemistry and Physiology* 1, no. 2: 155-160.

Schmidt, Justin O. (2014.06.01.). "Evolutionary Responses of Solitary and Social Hymenoptera to Predation by Primates and Overwhelmingly Powerful Vertebrate Predators." *Journal of Human Evolution* 71: 12-19.

Schmidt, Justin O. (2016). *The Sting of the Wild*. Johns Hopkins University Press. (《스팅, 자연의 따끔한 맛》. 정현창 옮김. 초사흘달. 2021.)

Schmidt, Justin O. (2019). "The Insect Sting Pain Scale: How the Pain and Lethality of Ant, Wasp, and Bee Venoms Can Guide the Way for Human Benefit." *Arthropod Venom Components and their Potential Usage*

Schultheiss, Patrick, Sabine S. Nooten, Runxi Wang, Mark K. L. Wong, François Brassard, and Benoit Guénard. (2022). "The Abundance, Biomass, and Distribution of Ants on Earth." *Proceedings of the National Academy of Sciences* 119, no. 40: e2201550119.

Smith, Michael L. (2014). "Honey Bee Sting Pain Index by Body Location." *PeerJ*: e338.

Starr, Christopher K, Robert S Jacobson, and William L Overal. (2024). "Justin Schmidt's Originality." *Journal of Hymenoptera Research* 97: 297-306.

Thorn, Adam. Instagram. (2023.02.21). https://www.instagram.com/p/Co51vkZP2P2/?utm_source=ig_web_copy_link.

Wassersug, Richard. (1971). "On the Comparative Palatability of Some Dry-Season Tadpoles from Costa Rica." *American Midland Naturalist*. 101-109.

이수경, 예영민, 박해심, 장광천 외. (2014). "한국 성인의 벌독으로 인한 아나필락시스: 국내 다기관 후향적 연구." *Allergy asthma & respiratory disease* 2, no. 5: 344. http://snu-primo.hosted.exlibrisgroup.com/82SNU:TN_cdi_kiss_primary_3294435.

최윤필. (2023.04.03.). "곤충 독침에 '몸' 바친 과학자." 〈한국일보〉.

4 고양이는 액체일까, 고체일까?

"Product Reviews: Paw Sense Computer Software." https://petsweekly.com/cats/cat-product-reviews/pawsense-screensaver/.

Berdoy, Manuel, Joanne P Webster, and David W Macdonald. (2000). "Fatal Attraction in Rats Infected with Toxoplasma Gondii." *Proceedings of the Royal Society of London. Series B: Biological Sciences* 267, no. 1452: 1591-1594.

Fardin, Marc-Antoine. (2017.11.08.). "Answering the Question That Won Me the Ig Nobel Prize: Are Cats Liquid?" *The Conversation* https://theconversation.com/answering-the-question-that-won-me-the-ig-nobel-prize-are-cats-liquid-86589.

Fardin, Marc-Antoine. (2014). "On the Rheology of Cats." *Rheology Bulletin* 83, no. 2: 16-17.

Fischer, Ernst Peter. (2008). *Schrödingers Katze auf dem Mandelbrotbaum*. Pantheon Verlag. (《슈뢰딩거의 고양이》. 박규호 옮김. 들녘. 2009.)

Flegr, Jaroslav, and Jan Havlíček. (2013). "Changes in the Personality Profile of Young Women with Latent Toxoplasmosis." *Folia parasitologica* 46, no. 1: 22-28.

Flegr, Jaroslav, Marek Preiss, Jiří Klose, Jan Havlíček, Martina Vitáková, and Petr Kodym. (2003.07.01.). "Decreased Level of Psychobiological Factor Novelty Seeking and Lower Intelligence in Men Latently Infected with the Protozoan Parasite

Toxoplasma Gondii Dopamine, a Missing Link between Schizophrenia and Toxoplasmosis?" *Biological Psychology* 63, no. 3: 253-268.

Gates, Stefan. (2021). *Catology*. Quadrille. (《고양이 안내서》. 오지현 옮김. 풀빛. 2023.)

Gbur, Greg. (2019). *Falling Felines and Fundamental Physics*. Yale University Press. (《고양이 집사가 된 과학자들》. 박영목 옮김. 북스힐. 2022.)

Hanauer, David A, Naren Ramakrishnan, and Lisa S Seyfried. (2013). "Describing the Relationship between Cat Bites and Human Depression Using Data from an Electronic Health Record." *PloS one* 8, no. 8: e70585.

Hetherington, JH, and FDC Willard. (1975). "Two-, Three-, and Four-Atom Exchange Effects in Bcc He 3." *Physical Review Letters* 35, no. 21: 1442.

Lopez, R. A. (1993.09.01.). "Of Mites and Man." [In eng]. J Am Vet Med Assoc 203, no. 5: 606-607.

Perri, Angela R., Tatiana R. Feuerborn, Laurent A. F. Frantz, Greger Larson, Ripan S. Malhi, David J. Meltzer, and Kelsey E. Witt. (2021). "Dog Domestication and the Dual Dispersal of People and Dogs into the Americas." *Proceedings of the National Academy of Sciences* 118, no. 6: e2010083118.

Saito, Atsuko, Kazutaka Shinozuka, Yuki Ito, and Toshikazu Hasegawa. (2019.04.04.). "Domestic Cats (Felis Catus) Discriminate Their Names from Other Words." *Scientific Reports* 9, no. 1: 5394.

Schötz, Susanne. (2018). *Die geheime Sprache der Katzen*. Ecowin Verlag. (《고양이 언어학》. 강영옥 옮김. 책세상, 2020.)

안경현. 《유변학개론》. 서울대학교출판문화원. 2021.

5 성공하려면 운과 재능 중 무엇이 더 중요할까?

Benson, Alan, Danielle Li, and Kelly Shue. (2019). "Promotions and the Peter Principle." *The Quarterly Journal of Economics* 134, no. 4: 2085-2134.

Bouchaud, Jean-Philippe, and Marc Mézard. (2000). "Wealth Condensation in a Simple Model of Economy." *Physica A: Statistical Mechanics and its Applications* 282, no. 3-4: 536-545.

Fairburn, James A, and James M Malcomson. (2001). "Performance, Promotion, and the Peter Principle." *The Review of Economic Studies* 68, no. 1: 45-66.

Lazear, Edward P. (2004). "The Peter Principle: A Theory of Decline." *Journal of political economy* 112, no. S1: S141-S163.

Michard, Quentin, and J-P Bouchaud. (2005). "Theory of Collective Opinion

Shifts: From Smooth Trends to Abrupt Swings." *The European Physical Journal B-Condensed Matter and Complex Systems* 47: 151-159.

Peter, Laurence J., prescription Peter, Raymond Hull. (1996). *The Peter Principle*. Profile Books. (《피터의 원리》. 나은영, 서유진 옮김. 21세기북스. 2009.)

Pluchino, Alessandro, Alessio Emanuele Biondo, and Andrea Rapisarda. (2018). "Talent Versus Luck: The Role of Randomness in Success and Failure." *Advances in Complex Systems* 21, no. 03n04: 1850014.

Pluchino, A., Rapisarda, A. and Garofalo, C. (2010.02.01.). "The Peter Principle Revisited: A Computational Study." *Physica A: Statistical Mechanics and its Applications* 389, no. 3: 467-472.

Pluchino, A. (2023.02.03.). 알레산드로 플루키노 인터뷰. 인터뷰어: 이창욱.

Wooldridge, Adrian. (2021). *The Aristocracy of Talent*. Skyhorse Publishing. (《능력주의의 두 얼굴》. 이정민 옮김. 상상스퀘어. 2023.)

김범준 (2020.11.24.). "21세기 과학의 최전선, 궁극의 질문들: 물리학만으론 사회현상 이해 한계… '애정 어린' 미시적 시선 함께해야." 〈문화일보〉.

박권일 외. 《능력주의와 불평등》. 교육공동체벗. 2020.

양승훈. (2021.07.07.). "한국의 능력주의는 '입신양명'이자 '합격주의'다." 〈시사IN〉. https://www.sisain.co.kr/news/articleView.html?idxno=44945.

"피터의 법칙: 일등 사원이 무능한 관리자가 되는 이유?" (2020.07.12.). BBC. https://www.bbc.com/korean/53378900.

6 점균에게 전철 노선 설계를 맡겼더니

Adamatzky, A. (2010). *Physarum machines*. World Scientific Publishing Company.

Adamatzky, A. and J. Jones (2010). "Road planning with slime mould: If Physarum built motorways it would rould route M6/M74 through newcastle." *International Journal of Bifurcation and Chaos* 20(10): 3065-3084.

Elvia Wilk, J. S. (2016.08.16.). "Many Heads, No Brain." *Rhizome*.

Evangelidis, V., et al. (2017). "Physarum machines imitating a Roman road network: the 3D approach." *Scientific Reports* 7(1): 7010.

Gunji, Y. P., et al. (2011). "Robust soldier crab ball gate. AIP Conference Proceedings." *American Institute of Physics*.

Jabr, F. (2012). "How brainless slime molds redefine intelligence." *Nature*.

Kagan, B. J., et al. (2022). "In vitro neurons learn and exhibit sentience when embodied in a simulated game-world." *Neuron* 110(23): 3952-3969.e3958.

KAWANO, S., et al. (1987). "A third multiallelic mating-type locus in Physarum polycephalum." *Journal of general microbiology* 133(9): 2539-2546.

Macneil, J. S. (2000.09.27.). "Slimy, But Not Stupid." *Science*.

Moskvitch, K. (2018. 7. 9.). "Slime Molds Remember-but Do they Learn?" *Quanta*.

Murugan, N. J., et al. (2021). "Mechanosensation mediates long-range spatial decision-making in an aneural organism." *Advanced materials* 33(34): 2008161.

Nakagaki, T., et al. (2000). "Maze-solving by an amoeboid organism." *Nature* 407(6803): 470-470.

Oettmeier, C., et al. (2017). "Physarum polycephalum—a new take on a classic model system." *Journal of Physics D: Applied Physics* 50(41): 413001.

Oettmeier, C., et al. (2020). "Slime mold on the rise: the physics of Physarum polycephalum." *Journal of Physics D: Applied Physics* 53(31): 310201.

Pasquero, C. and M. Poletto (2023). "GAN-Physarum: Shaping the Future of the Urbansphere." *Architectural design* 93(1): 120-127.

Redfield, R. J. (2001). "Do bacteria have sex?" *Nat Rev Genet* 2(8): 634-639.

Saito, K., et al. (2020). "Amoeba-inspired analog electronic computing system integrating resistance crossbar for solving the travelling salesman problem." *Scientific Reports* 10(1): 20772.

Tero, A., et al. (2010). "Rules for Biologically Inspired Adaptive Network Design." *Science* 327(5964): 439-442.

Vogel, D. and A. Dussutour (2016). "Direct transfer of learned behaviour via cell fusion in non-neural organisms." *Proc Biol Sci* 283(1845): 20162382-20162382.

Whiting, J. G. H., et al. (2016). "Towards a Physarum learning chip." *Scientific Reports* 6(1): 19948.

Zhu, L., et al. (2013). "Amoeba-based computing for traveling salesman problem: Long-term correlations between spatially separated individual cells of Physarum polycephalum." *Biosystems* 112(1): 1-10.

Zhu, L., et al. (2018). "Remarkable problem-solving ability of unicellular amoeboid organism and its mechanism." *R Soc Open Sci* 5(12): 180396-180396.

박재혁, 정우성, 안용열 (2021.05.11.). "모빌리티 분석으로 이해하는 도시." 〈물리학과 첨단기술〉.

7 모든 말에는 의미가 있다, 욕설까지도

Bergen, B. K. (2016). *What the F*. Basic Books. (《제기랄, 이런!》. 나익주, 나경식 옮김. 한울아카데미. 2023.)

Bowers, J. S. and C. W. Pleydell-Pearce. (2011). "Swearing, euphemisms, and linguistic relativity." *PLoS One* 6(7): e22341.

Byrne, E. (2017). *Swearing is good for you: The amazing science of bad language*, House of Anansi.

Dingemanse, M., et al. (2013). "Is "Huh?" a universal word? Conversational infrastructure and the convergent evolution of linguistic items." *PLoS One* 8(11): e78273-e78273.

Jay, T. (2009). "The utility and ubiquity of taboo words." *Perspectives on psychological science* 4(2): 153-161.

LaBar, K. S. and E. A. Phelps (1998). "Arousal-mediated memory consolidation: Role of the medial temporal lobe in humans." *Psychological Science* 9(6): 490-493.

Lazaridis, I., et al. (2025). "The genetic origin of the Indo-Europeans." *Nature* 639(8053): 132-142.

Max-Plack-Gesellschaft (2013.11.08.). "Universals of conversation." from https://www.mpg.de/7605822/universals-conversation.

Mohr, M. (2013). *Holy Sh*t*. Oxford University Press. (《HOLY SHIT》. 서정아 옮김. 글항아리. 2018.)

Radio, C. (2017.11.24.). "'Swearing is Good for You': The evolutionary advantages of f-bombs." CBC.

Stephens, R. (2015). *Black Sheep*. John Murray Learning. (《우리는 왜 위험한 것에 끌리는가》. 김정혜 옮김. 한빛비즈. 2016.)

Stephens, R. and C. Allsop (2012). "Does state aggression increase pain tolerance." *Psychological Reports* 111: 311-321.

Stephens, R. and C. Umland (2011). "Swearing as a response to pain—Effect of daily swearing frequency." *The Journal of Pain* 12(12): 1274-1281.

Stephens, R. and O. Robertson (2020). "Swearing as a Response to Pain: Assessing Hypoalgesic Effects of Novel 'Swear' Words." *Front Psychol* 11: 723-723.

Stephens, R., et al. (2009). "Swearing as a response to pain." *Neuroreport* 20(12): 1056-1060.

Van Lancker, D. and J. L. Cummings (1999). "Expletives: Neurolinguistic and neurobehavioral perspectives on swearing." *Brain research reviews* 31(1): 83-104.

8 세상에서 가장 느린 98년짜리 실험

Bergin, Shane D, Stefan Hutzler, and Denis Weaire. (2014). "The Drop Heard Round the World." *Physics World* 27, no. 05: 26.

Chandran Suja, V., and A. I. Barakat. (2018.03.29.). "A Mathematical Model for the Sounds Produced by Knuckle Cracking." *Scientific Reports* 8, no. 1: 4600. https://doi.org/10.1038/s41598-018-22664-4. https://doi.org/10.1038/s41598-018-22664-4.

Cockell, CS. (2014). "The 500-Year Microbiology Experiment." *Microbiology Today May* 95.

database, ICSC. "콜타르 피치." In ICSC: 1415. (2022.07.). https://chemicalsafety.ilo.org/dyn/icsc/showcard.display?p_lang=ko&p_card_id=1415&p_version=2.

deWeber, Kevin, Mariusz Olszewski, and Rebecca Ortolano. (2011). "Knuckle Cracking and Hand Osteoarthritis." *The Journal of the American Board of Family Medicine* 24, no. 2: 169-174.

Edgeworth, R., B. J. Dalton, and T. Parnell. (1984.10.01.). "The Pitch Drop Experiment." *European Journal of Physics* 5, no. 4: 198.

Johnston, Richard. (2013). "World's Slowest-Moving Drop Caught on Camera at Last." *Nature News* 18: 1-2.

Kearins, Aoife. (2018.03.22.). "Why Trinity Prides Itself on a Useless Experiment." *University Times*.

Owens, Brian. (2013). "Long-Term Research: Slow Science." *Nature* 495, no. 7441.

Stafford, Andrew. (2022.04.29.). "'It's Literally Slower Than Watching Australia Drift North': The Laboratory Experiment That Will Outlive Us All." *The Guardian*, https://www.theguardian.com/education/2022/apr/30/its-literally-slower-than-watching-australia-drift-north-the-laboratory-experiment-that-will-outlive-us-all.

Stengers, Isabelle. (2018). *Another Science Is Possible*, Polity.

Stephenson, Andrew. (2014.11.09.). "Explainer: The Pitch Drop Experiment." *the Conversation*, https://theconversation.com/explainer-the-pitch-drop-experiment-33734.

Unger, D. L. (1998.05.). "Does Knuckle Cracking Lead to Arthritis of the Fingers?" [In eng]. *Arthritis Rheum* 41, no. 5: 949-950. https://doi.org/10.1002/1529-0131(199805)41:5<949::Aid-art36>3.0.Co;2-3.

Webb, Jonathan. (2014.07.26.). "Tedium, Tragedy and Tar: The Slowest Drops in Science." https://www.bbc.com/news/science-environment-28402709.

Widdicombe, A. T., P. Ravindrarajah, A. Sapelkin, A. E. Phillips, D. Dunstan, M.

T. Dove, V. V. Brazhkin, and K. Trachenko. (2014). "Measurement of Bitumen Viscosity in a Room-Temperature Drop Experiment: Student Education, Public Outreach and Modern Science in One." *Phys. Educ* 49, no. 4: 406-411. https://doi.org/10.1088/0031-9120/49/4/406. http://snu-primo.hosted.exlibrisgroup.com/82SNU:TN_cdi_proquest_journals_2083035567.

Wiser, Michael J., Noah Ribeck, and Richard E. Lenski. (2013). "Long-Term Dynamics of Adaptation in Asexual Populations." *Science* 342, no. 6164: 1364-1367.

오철우. (2018.04.09.). "풀릴 듯 풀리지 않는…손가락 관절 '뚝' 소리의 정체." 〈한겨레〉 https://www.hani.co.kr/arti/science/science_general/839700.html.

"휘발성 콜타르피치(Coaltar Pitch Volatiles)." (2019.03.29.). http://www.safetynetwork.co.kr/ns/bbs/board.php?bo_table=data12&wr_id=3187.

9 당신의 편견부터 닦아주는 똑똑한 변기

Bijker, W. E., et al. (1997). *Shaping Technology/Building Society*. The MIT Press. (《과학기술은 사회적으로 어떻게 구성되는가》. 송성수 옮김. 새물결. 1999.)

Edgerton, D. (2006). *The Shock of the Old*. Profile Books. (《낡고 오래된 것들의 세계사》. 정동욱, 박민아 옮김. 휴머니스트. 2015.)

Ferriman, A. (2007). BMJ readers choose the "sanitary revolution" as greatest medical advance since 1840, British Medical Journal Publishing Group.

Ge, T. J., et al. (2022). "Smart toilets for monitoring COVID-19 surges: passive diagnostics and public health." *npj Digital Medicine* 5(1): 39.

Ge, T. J., et al. (2023). "Passive monitoring by smart toilets for precision health." *Science Translational Medicine* 15(681): eabk3489.

George, R. (2014). *The Big Necessity*. Picador. (《똥에 대해 이야기해봅시다, 진지하게》. 하인해 옮김. 카라칼. 2019.)

Herlihy, D. V. (2004). *Bicycle: The History*. Yale University Press. (《세상에서 가장 우아한 두 바퀴 탈것》. 김인혜 옮김. 알마. 2008.)

Kirin Holdings Company, L. (2024.12.25.). Kirin's Electric Salt Spoon Shines At CES Innovation Awards 2025, Earning First-Ever Wins In Digital Health and Accessibility & Age Tech!

Lewis, S. J. and K. W. Heaton (1997). "Stool Form Scale as a Useful Guide to Intestinal Transit Time." *Scandinavian Journal of Gastroenterology* 32(9): 920-924.

Nakamura, H. and H. Miyashita (2011). Augmented gustation using electricity. *Proceedings of the 2nd Augmented Human International Conference*. Tokyo, Japan,

Association for Computing Machinery: Article 34.
Park, S.-m., et al. (2020). "A mountable toilet system for personalized health monitoring via the analysis of excreta." *Nature Biomedical Engineering* 4(6): 624-635.
Park, S.-m., et al. (2021). "Digital biomarkers in human excreta." *Nature Reviews Gastroenterology & Hepatology* 18(8): 521-522.
thebmj (2007.01.). "Medical Milestones Poll results." from https://www.bmj.com/content/suppl/2007/01/18/334.suppl_1.DC3
박승민. (2023.09.18., 2023.10.02.). 박승민 인터뷰. 인터뷰어: 이창욱.
이기형, 최지호. (2023). "다윈의 바다와 중소기업 금융지원효과." 〈비즈니스융복합연구〉 8(1): 53-58.
전치형, 홍성욱. 《미래는 오지 않는다》. 문학과지성사. 2019.
함경희, et al. (2016). "내과 환자의 섭취량/배설량 측정법 비교 연구." 〈임상간호연구〉 22(1): 20-27.
호메이, 미. (2023.10.12.). 미야시타 호메이 인터뷰. 인터뷰어: 이창욱.

10 이그노벨상과 노벨상은 의외로 가깝다

Berry, M. V. and A. K. Geim (1997). "Of flying frogs and levitrons." *European Journal of Physics* 18(4): 307.
Cao, Y., et al. (2018). "Unconventional superconductivity in magic-angle graphene superlattices." *Nature* 556(7699): 43-50.
Chang, H. (2012). *Is Water H_2O?* . (《물은 H_2O인가?》. 전대호 옮김. 김영사. 2021.)
Geim, A. K. (1998). "Everyone's Magnetism: Though it seems counterintuitive, today's research magnets can easily levitate seemingly nonmagnetic objects, thereby opening an Earthbound door to microgravity conditions." *Physics today* 51(9): 36-39.
Geim, A. K. (2011). "Nobel Lecture: Random walk to graphene." *Reviews of Modern Physics* 83(3): 851-862.
Geim, A. K. (2012). "Graphene prehistory." *Physica Scripta* 2012(T146): 014003.
Hanson, N. R. (2014). "Is there a logic of scientific discovery?" *Philosophy, Science, and History*, Routledge: 220-234.
Kim, Y., et al. (2013). "Strengthening effect of single-atomic-layer graphene in metal–graphene nanolayered composites." *Nature Communications* 4(1): 2114.
Manning, A. J. (2024.04.02.). How did you get that frog to float? *The Harvard Gazette*.
Murphy, J. Renaissance scientist with fund of ideas. *Science Computing World*.

Novoselov, K. S., et al. (2004). "Electric Field Effect in Atomically Thin Carbon Films." *Science* 306(5696): 666-669.

Peplow, M. (2024.10.10.). "Twenty years after its discovery, graphene finally living hype". *Science*.

Shapin, S. and S. Schaffer (2011). *Leviathan and the air-pump* Princeton University Press.

한정훈.《물질의 물리학》. 김영사. 2020.

에필로그: 이상한 호기심의 찬가

"About the Igs." https://improbable.com/ig/about-the-ig-nobel-prizes/.

Golden Fleece Awards, 1975-1987. https://content.wisconsinhistory.org/digital/collection/tp/id/70432.

Abrahams, Marc. (2023.10.25.). 마크 에이브러헴스 인터뷰. 인터뷰어: 이창욱.

Flexner, Abraham, (2017). *The Usefulness of Useless Knowledge*. Princeton University Press. (《쓸모없는 지식의 쓸모 》. 김아림 옮김. 책세상. 2020.)

Nadis, Steve. (1996). "Uk Chief Scientist Warns of Risks Ofig Nobel'ridicule." *Nature* 383, no. 6598.

박승민. (2023.10.02.) 박승민 인터뷰. 인터뷰어: 이창욱.

웃기려고 한 과학 아닙니다

초판 1쇄 발행 2025년 6월 23일
초판 3쇄 발행 2025년 10월 15일

지은이 이창욱
발행인 김형보
편집 최윤경, 강태영, 임재희, 홍민기, 강민영, 박지연, 김아영
마케팅 이연실, 김보미, 김민경, 고가빈 **디자인** 김지은, 박현민 **경영지원** 최윤영, 유현

발행처 어크로스출판그룹(주)
출판신고 2018년 12월 20일 제 2018-000339호
주소 서울시 마포구 동교로 109-6
전화 070-8724-0876(편집) 070-8724-5877(영업) **팩스** 02-6085-7676
이메일 across@acrossbook.com **홈페이지** www.acrossbook.com

ⓒ 이창욱 2025

ISBN 979-11-6774-214-8 03400

- 잘못된 책은 구입처에서 교환해드립니다.
- 이 책은 저작권법에 따라 보호를 받는 저작물이므로 무단 전재와 무단 복제를
  금지하며, 이 책의 전부 또는 일부를 이용하려면 반드시 저작권자와
  어크로스출판그룹(주)의 서면 동의를 받아야 합니다.

만든 사람들
편집 임재희 교정 고아라 표지디자인 서주성 본문디자인 서주성, 송은비 일러스트 최광렬 조판 박은진